MÜNSTERISCHE BEITRÄGE ZUR RECHTS- UND STAATSWISSENSCHAFT

HERAUSGEGEBEN VON DER
RECHTS- UND STAATSWISSENSCHAFTLICHEN FAKULTÄT DER
WESTFÄLISCHEN WILHELMS-UNIVERSITÄT IN MÜNSTER

6

Berlin 1961

WALTER DE GRUYTER & CO.

vormals G. J Göschen'sche Verlagshandlung · J. Guttentag, Verlags-
buchhandlung · Georg Reimer · Karl J. Trübner · Veit & Comp.

DIE ANWENDUNG VON GESETZEN AUF FRÜHER ENTSTANDENE SACHVERHALTE

(SOGENANNTE RÜCKWIRKUNG VON GESETZEN)

von

Dr. HANS WALTER SCHEERBARTH

Köln

Berlin 1961

WALTER DE GRUYTER & CO.

vormals G. J. Göschen'sche Verlagshandlung · J. Guttentag, Verlagsbuchhandlung · Georg Reimer · Karl J. Trübner · Veit & Comp.

D 6

Archiv-Nr. 27 00 61/6
Satz und Druck: Walter de Gruyter & Co., Berlin W 30

Gliederung

Literaturverzeichnis

(Lehrbücher, Kommentare, Monographien und Aufsätze sowie Diskussionsbeiträge)

Adamovich, Ludwig — Handbuch des Österreichischen Verwaltungsrechts, 5. Aufl., Wien 1953.

Affolter, Friedrich — Geschichte des intertemporalen Privatrechts, Leipzig 1902.

System des deutschen bürgerlichen Übergangsrechts, Leipzig 1903.

Anschütz, Gerhard — Die Verfassung des Deutschen Reiches, 14. Aufl., Berlin 1933.

Arndt, Claus — Zur Gültigkeit rückwirkender Gesetze in DVBl. 1958 S. 120ff.

Baumbach-Lauterbach — Zivilprozeßordnung, 25. Aufl., München und Berlin 1958.

Baumhoer, Karl — Die Fiktion im Straf- und Prozeßrecht, Berlin-Grunewald 1930.

Bettermann, Karl-August — Grundfragen des Preisrechts für die Mieten und Pachten, Tübingen 1952.

Binding, Karl — Die Norm und ihre Übertretung, 3. Aufl., 1. Bd., Leipzig 1916.

Böhm, Ottmar — Rückwirkung von Satzungs-, Bedingungs- und Tarifänderung in rechtstheoretischer Sicht in Versicherungsrecht 1953 S. 473/478.

Bühler, Ottmar — Steuerrecht, Grundriß in zwei Bänden, Bd. I, 1. Halbband, bearb. von Georg Strickrodt, 3. Aufl., Wiesbaden 1958.

Cicero, Marcus Tullius — Opera Quae Supersunt Omnia, Edidit O. Casp. Orellus 1826. Turici Voluminis II Pars. I. Langenscheidt'sche Bibliothek sämtlicher griechischer und römischer Klassiker in neuer deutscher Meisterübersetzung, 90. Bd. Cicero XIII, Berlin und Stuttgart 1855/1885.

Coch, C. F. — Kommentar zum Allgemeinen Landrecht, 6. Ausgabe, Berlin 1874.

Coing, Helmut — Grundzüge der Rechtsphilosophie, Berlin 1950 (19. Bd. der Lehrbücher und Grundrisse der Rechtswissenschaften).

Grundsätzliches zur Rückwirkung von Gesetzen in BB 1954 S. 137ff.

Deiting, Gerhard — Freie Entfaltung der Persönlichkeit, Rechtssicherheit und Rückwirkung von Steuergesetzen in StW 1955 Sp. 21ff.

Dernburg, Heinrich — Lehrbuch des Preußischen Privatrechts, Bd. I, 3. Aufl., Halle 1881/1882.

Eck, Friedrich — siehe bei Goeppert.

Ehlers, Friedrich — Zur Zulässigkeit der Rückwirkung von Gesetzen in Der Betrieb 1951 S. 556.

Rückwirkung von Steuergesetzen in Die Steuerwarte 1951 Sp. 793/802 und in Finanz-Rundschau 1953 S. 315/317 und in StW 1953 Sp. 113 und in StW 1954 Sp. 723ff.

Eisler, Rudolf — Handwörterbuch der Philosophischen Begriffe, 4. Aufl., weitergeführt von K. Roretz, Berlin 1927/1929/1930.

Emge, C. A. — Sicherheit und Gerechtigkeit, Abhandlungen der Preuß. Akademie der Wissenschaften, Berlin 1940.

Endemann, Friedrich — Lehrbuch des Bürgerlichen Rechts, 9. Aufl., Berlin 1905.

Enneccerus-Nipperdey — Lehrbuch des Bürgerlichen Rechts, 1. Bd., Allgemeiner Teil, 1. Halbband, Allgemeine Lehren, 15. Aufl., Tübingen 1959.

Esser, Joseph — Wert und Bedeutung der Rechtsfiktionen, Frankfurt (Main) 1940.

Franke, Walter — Der Grundastz der Nichtrückwirkung neuer Gesetze, Diss. Göttingen 1955.

Friedlaender — Rückwirkung von Steuergesetzen in StW 1953 Sp. 261ff.

Forsthoff, Ernst — Lehrbuch des Verwaltungsrechts, Bd. I, 7. Aufl., München und Berlin 1959 (in den besonders bezeichneten Fällen 2. Aufl., 1951).

Forsthoff, Ernst — Über Maßnahmegesetze, in Gedächtnisschrift für Walter Jellinek (Forschungen und Berichte aus dem öffentlichen Recht, München 1955).

Eigentumsschutz öffentlich-rechtlicher Rechtsstellungen in NJW 1955 S. 1249ff.

Gerhardinger, Hermann — Rückwirkung als rechtsphilosophisches Problem in Arch. f. Rechts- und Sozialphilosophie, Bd. 28 (1949/50) S. 510ff.

Giese, Friedrich — Grundgesetz für die Bundesrepublik Deutschland, 4. Aufl., Frankfurt (Main) 1955.

Können Verfassungsgesetze sich rückwirkende Kraft zulegen? in DÖV 1954 S. 321.

Gierke, Otto, von — Deutsches Privatrecht, Bd. 1, 2. Aufl., 1895.

Goeppert — Gesetze haben keine rückwirkende Kraft. Friedrich Eck aus dem Nachlaß Goepperts in Jh. Jb. für dogmatische Literatur des heutigen römischen und deutschen Privatrechts, Bd. 22, Jena 1884 (S. 1ff.).

Graveson, R. H. — Der Grundsatz nulla poena sine lege und das Kontrollratsgesetz Nr. 10 in MDR 1947 S. 278.

Habicht, Hermann — Die Einwirkung des Bürgerlichen Gesetzbuchs auf zuvor entstandene Rechtsverhältnisse, 2. Aufl., Jena 1900.

Hamann, Andreas	Rechtsstaat und Wirtschaftslenkung im Staat, Heidelberg 1953 (Bücher des Betriebsberaters). Kommentar zum Grundgesetz für die Bundesrepublik Deutschland vom 23. Mai 1949, Oldenburg 1956. Zur Rechtsprechung zu den Artikeln 2 und 3 des Bonner Grundgesetzes in DÖV 1952 S. 132.
Hatschek, Julius	Lehrbuch des Deutschen und Preußischen Verwaltungsrechts, Leipzig 1922.
Haueisen	Verwaltungsakte mit Dauerwirkung in NJW 1958 S. 1065.
Haver, Konrad	Recht in Wirtschaft und Praxis, Forkel-Verlag' Stuttgart.
Hesse, Konrad	Der Gleichheitsgrundsatz im Staatsrecht in Arch. öff. Recht, Bd. 77, Tübingen 1951.
Holtzendorff-Köhler	Enzyklopädie der Rechtswissenschaft, Bd. 1, Berlin 1904, Bd. 3, 3. Aufl., Leipzig 1881.
Hueck, Alfred	Lehrbuch des Arbeitsrechts, 2. Aufl., Berlin 1944.
Hueck-Nipperdey	Lehrbuch des Arbeitsrechts, 2. Bd., 6. Aufl., Berlin und Frankfurt 1957.
Ihering	Der Geist des römischen Rechts auf den verschiedenen Stufen seiner Entwicklung, Bd. 2, 1. Aufl., Leipzig 1858, Bd. 3, 1. Aufl., Leipzig 1865.
Ibsen, Hans-Peter	Grundrechte, Handbuch der Theorie und Praxis› herausgegeben von Neumann-Nipperdey-Scheuner, Bd. 2, Berlin 1954.
Jahrreiß, Hermann	Berechenbarkeit und Recht in Leipziger Rechts-wissenschaftliche Studien, Leipzig 1927.
Jebens	Lex ad praeterita trahi nequit in Verwaltungsrechtliche Aufsätze, Berlin 1899.
Jellinek, Georg	Gesetz und Verordnung, Tübingen 1918.
Jellinek, Walter	Gesetz, Gesetzesanwendung und Zweckmäßigkeitserwägung, Tübingen 1913. Rückwirkung oder Nichtrückwirkung der Verordnung des Bundesministers für Wirtschaft P. R. Nr. 51/50 in Versicherungsrecht 1951 S. 3ff. Verwaltungsrecht, 4. Aufl., Berlin 1931.
Kelsen, Hans	Hauptprobleme der Staatsrechtslehre, 2. Aufl., Tübingen 1923.
Klein, Friedrich	Zulässigkeit und Schranken der Rückwirkung von Steuergesetzen, Heft 19 der Schriftenreihe des Instituts für Finanzen und Steuern (zit. als Monographie), Bonn 1952. Von der Zulässigkeit zur Unzulässigkeit rückwirkender Steuergesetze in StW 1954 Sp. 1—44.

	Aussprachebeitrag zum Bericht von Christian Friedrich Menger in Veröffentlichungen der Vereinigung Deutscher Staatsrechtslehrer, Heft 15, 1957.
	siehe auch von Mangoldt-Klein.
Klug, Ulrich	Juristische Logik, Berlin-Göttingen-Heidelberg 1951.
Köster, Hans-Dieter	Verfassungsrechtliche Schranken rückwirkender Gesetzgebung in Der Betriebsberater 1952 S. 93/95.
Lassalle, Ferdinand	System der erworbenen Rechte, 1. Teil, 2. Aufl., Leipzig 1880.
Lehmann, Heinrich	Allgemeiner Teil des Bürgerlichen Gesetzbuchs, 1. Bd., 11. Aufl., Berlin 1958.
Loewenstein, Karl	Kritische Betrachtung zur Verfassungsänderung vom 27. 3. 1954 in DÖV 1954 S. 385ff.
Loewer, Albrecht	Rückwirkung der Steuergesetze und wohlerworbene Rechte in StW 1953 Sp. 305ff.
Mangoldt, Hermann von	Das Bonner Grundgesetz, 2. neubearb. Aufl. von Friedrich Klein, Berlin und Frankfurt (Main) Bd. I 1957.
Mattern, Gerhard	Zur Rechtsprechung im Steuerrecht, in JZ 1954 S. 348ff.
Maunz, Theodor	Deutsches Staatsrecht, Kurzlehrbuch, 8. Aufl., München und Berlin 1958.
Mayer, Max Ernst	Rechtsphilosophie 2. Aufl., Berlin 1926 in Enzyklopädie der Rechts- und Staatswissenschaften.
Mayer, Otto	Verwaltungsrecht, Bd. 1 und 2, 3. Aufl., München und Leipzig 1924.
Menger, H.	System des Österreichischen Zivilprozeßrechts.
Menger, Christian Friedrich	Gesetz als Norm und Maßnahme, Bericht, wiedergegeben in Veröffentlichungen der Vereinigung Deutscher Staatsrechtslehrer, Heft 15, Berlin 1957, S. 3—34.
Meyer-Cording, Hans Ullrich	Die Rückwirkung von Gesetzen in JZ 1952 S. 161/167; in Anmerkung zum OVG Hamburg in JZ 1952 S. 419.
Mosel, Hans von der	Handwörterbuch des Sächs. Verwaltungsrechts, 1. Bd., 13. Aufl., Leipzig 1926.
Müller-Erzbach, Rudolf	Rechtswissenschaft im Umbau, München 1950.
Nawiasky, Hans	Allgemeine Rechtslehre als System der rechtlichen Grundbegriffe, I. Bd., 2. Aufl., Einsiedeln-Zürich-Köln 1948; IV. Bd., 1955/56.
Peters, Hans	Lehrbuch der Verwaltung, Berlin-Göttingen-Heidelberg 1949.
Paulick, Heinz	Rechtsgutachten zur Frage der Zulässigkeit verschärfender Rückwirkungsanordnungen bei Steuergesetzen, Schriftenreihe des Industrie- und Handelstages.

Radbruch, Gustav	Rechtsphilosophie, 4. Aufl., 1951, besorgt von Erik Wolf. Die Natur der Sache als juristische Denkform, in Festschrift für Rudolf Laun, Hamburg 1948, S. 157ff.
Rieger, Walter	Begriff der Rückwirkung und ihre Anwendung bei Betriebsordnung und Tarifordnung in JW 1935 S. 989ff.
Rosenberg, Leo	Lehrbuch des Deutschen Zivilprozeßrechts, 5. Aufl., München-Berlin 1951.
Rümelin, Max	Die Rechtssicherheit, Rede, gehalten bei der akademischen Preisverteilung am 6. 11. 1924, Tübingen 1924.
Savigny, Carl von	System des heutigen römischen Rechts, Bd. 8, 1848.
Schack, Ernst	Generelle Eigentumsentziehungen als Enteignung in NJW 1954 S. 577.
Schätzel, Walter	in Deutsche Rechtszeitschrift, Tübingen 1946/1947.
Scheerbarth, Hans Walter	Zur „Rückwirkung" von Gesetzen, insbesondere der „Lex Schörner" in DVBl. 1956 S. 395/399.
Scholz, Franz	Gesetz und Gerechtigkeit in DVBl. 1955 S. 241ff.
Sauer, Wilhelm	Juristische Methodenlehre, Stuttgart 1940. Einführung in die Rechtsphilosophie — für Unterricht und Praxis, Berlin 1954. Rechts- und Staatsphilosophie, Stuttgart 1936.
Sieg, Karl	Probleme der Gesetzesrückwirkung besonders bei verfahrensrechtlichen Normen in SJZ 1950 Sp. 878ff.
Stahl	Philosophie des Rechts, Bd. 2, 3. Aufl.
Stammler, Rudolf	Theorie der Rechtswissenschaften, Halle 1911. Lehrbuch der Rechtsphilosophie, Leipzig und Berlin 1928.
Staub	Kommentar zum Handelsgesetzbuch, Berlin 1907.
Staudinger-Gramm	Kommentar zum Einführungsgesetz zum Bürgerlichen Gesetzbuch, 10. Aufl., München-Berlin-Leipzig 1939.
Stier-Somlo	Die Einwirkung des Bürgerlichen Rechts auf das Preußisch-Deutsche Verwaltungsrecht, Berlin 1900.
Stein-Jonas-Schönke	Kommentar zur Zivilprozeßordnung, I. Bd., 18. Aufl., bearbeitet von Pohle, Tübingen ab 1952.
Surén, Friedrich-Karl	Das Preußische Kommunalabgabengesetz, Kommentar, Berlin 1944.
Surén-Loschelder	Die Deutsche Gemeindeordnung, Bd. I, Berlin 1940, bearbeitet von F. K. Surén.

Thon, August — Rechtsnorm und subjektives Recht, Berlin-Greifswald 1884.
Archiv für öffentliches Recht, Bd. V, S. 153 und in Jh. Jb. Bd. 50 S. 5ff.

Tietz, Edwin — Rückwirkung von Gesetzen, zugleich eine Kritik der neueren höchstrichterlichen Rechtsprechung in NJW 1951 S. 468/470.

Thur, Andreas von — Der Allgemeine Teil des Deutschen Bürgerlichen Gesetzbuches, I. Bd., Leipzig 1910.

Vaihinger, Josef — Die Philosophie des Als-Ob, 3. Aufl., Leipzig 1918.

Vervier, Heinrich — Der Rechtswechsel im öffentlichen Recht, München 1923.

Wach, Adolf — Handbuch des Zivilprozeßrechts, Leipzig.

Weber, Adolf — Rückanwendung positiver Gesetze, Hannover 1811.

Weber, Werner — in Anmerkung zu einem höchstrichterlichen Urteil in Arch. f. öff. Recht, Bd. 77 (1951/1952) S. 79/84.

Wieczorek, Bernhard — Zivilprozeßordnung und Nebengesetze, Bd. III, Berlin 1957.

Windscheid, Bernhard — Pandekten, Bd. I, 9. Aufl., Leipzig.

Wolf, Johann-Christian — Jus naturae methodo scientifico pertractum Francoforti et Lipsiae 1740.

Wolff, Hans J. — Über die Gerechtigkeit als principium juris in Festschrift für Wilhelm Sauer, Berlin 1949, S. 103/120.
Verwaltungsrecht, Ein Studienbuch, Bd. I, 3. Aufl., München und Berlin 1959.

Zitelmann, Ernst — Internationales Privatrecht, Leipzig 1912.
Irrtum und Rechtsgeschäft, Leipzig 1897.

Zunft, Fritz — Grenzen der Rückwirkung in Zivil- und Zivilprozeßrecht in Arch. ziv. Praxis, Bd. 152 (1953).

Benutzte Zeitschriften:

AcP (= AzP)	= Archiv für die zivilistische Praxis.
Arch. öff. R.	= Archiv des öffentlichen Rechts.
Arch. R. u. Soz. Phil.	= Archiv für Rechts- und Sozialphilosophie.
BB	= Der Betriebsberater.
Betrieb	= Der Betrieb.
DJZ	= Deutsche Juristenzeitung.
DRiZ	= Deutsche Richterzeitung.
DÖV	= Die Öffentliche Verwaltung.
DVBl	= Deutsches Verwaltungsblatt.
FR	= Finanz-Rundschau.
MDR	= Monatsschrift für Deutsches Recht.
JW	= Juristische Wochenschrift.
JZ	= Juristenzeitung.

NJW	= Neue Juristische Wochenschrift.
PrVBl.	= Preußisches Verwaltungsblatt.
RuPrVBl.	= Reichs- und Preußisches Verwaltungsblatt.
SJZ	= Süddeutsche Juristenzeitung.
StW	= Steuer und Wirtschaft.
VersR	= Versicherungsrecht.
VerwRspr.	= Verwaltungsrechtsprechung in Deutschland, I. Band 1949 (zitiert nach Band und Entscheidungsnummer).

Entscheidungssammlungen (ES):

Bayer. VGH E n. F.	= Entscheidungssammlung des Bayerischen Verfassungs- und des Verwaltungsgerichtshofs (neue Folge).
BFHE	= Entscheidungen des Reichs- und des Bundesfinanzhofs.
BGHZ	= Entscheidungen des Bundesgerichtshofes in Zivilsachen.
BGHStr.	= desgleichen in Strafsachen.
BSGE	= Entscheidungen des Bundessozialgerichts.
BVerfGE	= Entscheidungen des Bundesverfassungsgerichts.
BVerwGE	= Entscheidungen des Bundesverwaltungsgerichts.
DOG	= Deutsches Obergericht.
OGHZ	= Entscheidungen des Obersten Gerichtshofes für die britische Zone in Zivilsachen.
PreußOVGE	= Entscheidungen des preußischen Oberverwaltungsgerichts.
OVG Mstr. E	= Entscheidungen der Oberverwaltungsgerichte Münster und Lüneburg.
RFHE	= Entscheidungen des Reichsfinanzhofs.
RGZ	= Entscheidungen des Reichsgerichts in Zivilsachen.
RVerwGE	= Entscheidungen des Reichsverwaltungsgerichts.
Württ.-Bad.VGHE	= Entscheidungen des Hessischen und des Württemberg-Badischen Verfassungs- und Verwaltungsgerichtshofs.

Aufgabe §1

Problemstellung.

Man kann sagen, neues Recht sei stets das beste, weil das zeitgemäßeste; deshalb müsse es auf alle Sachverhalte ohne Unterschied, ob diese in der Vergangenheit abgeschlossen, gegenwärtig fortdauernd (schwebend) oder erst zu erwarten seien[1]), angewendet werden[2]). Oder man kann sagen, jede Zeit habe ihr eigenes Recht; die Sachverhalte, die sich in ihr ereignen, stünden in engstem Zusammenhang mit dem Recht ihrer Zeit und seien darum nach dem Recht ihrer Zeit zu beurteilen — ohne Rücksicht darauf, ob inzwischen ein neues Gesetz erlassen sei. Außerdem trete der Staat als Hüter der Rechtsordnung mit sich selbst in Widerspruch, wenn er Tatsachen erst Rechtserheblichkeit verleihe und sie ihnen dann wieder entzöge[3]). In dieser Form dargestellt, scheint die Gegensätzlichkeit der beiden Meinungen prinzipieller Natur und mithin nur der eine von beiden Standpunkten haltbar zu sein. Bei näherem Zusehen zeigt sich aber, daß beide ihre Berechtigung haben, je nach der *Fragestellung* und der *Fallgestaltung*.

Es sind, worauf schon Gierke[4]) hingewiesen hat, zwei Fragen aufzuwerfen:

1. Wann ist eine Anwendung der Gesetze auf vergangene oder schwebende Fälle zulässig? Gibt es eine Regel, die eine derartige Anwendung verbietet?

---

[1]) Ich gehe im folgenden der Einfachheit halber davon aus, daß der Zeitpunkt des Gesetzeserlasses gegenwärtig, die Zeit vor Gesetzeserlaß also vergangen, die spätere zukünftig sei. Den Ausdruck „schwebende Fälle" gebrauche ich im Anschluß an Savigny, System § 386 und 392 u. a., der ihn wohl aus der Übersetzung des römisch-rechtlichen Ausdrucks: negotia pedenta (im Gegensatz zu: facta praeterita, vgl. § 3 Anm. 11) entnahm. Er ist zwar weniger schön, aber umfassender als der Ausdruck „offene Dauersachverhalte" (so z. B. Wolff in Verwaltungsrecht I § 27 I c 1), der nicht immer paßt, z. B. nicht, wenn es um Eingriffe in unerfüllte Kaufverträge geht, wie im Urteil des Deutschen Obergerichts in Arch. öff. R. Bd. 77 S. 80ff.

[2]) Affolter in Geschichte des Internationalen Privatrechts, S. 430ff. und 515ff., spricht hier von einer älteren Regel im Gegensatz zu einer jüngeren Regel, siehe die folgende Anmerkung.

[3]) So die „jüngere Regel" bei Affolter: Es ist die positivistische Auffassung des 18. Jahrhunderts (Zitate bei Holtzendorff, Enzyklopädie S. 306, und bei Goeppert, Iher. Jb. Bd. 22 S. 67). Aber auch nach 1850 bestand zum Teil diese Ansicht: Bayer. Oberappellationsgericht v. 4. 4. 1851, Entscheidungssammlung Bd. 4 Nr. 199, S. 321.

[4]) Otto v. Gierke, Privatrecht I S. 188ff. trennt die verbietende von der deutenden Tragweite des „Grundsatzes" der „Nichtrückwirkung".

2. Wie sind die Rechtssätze auszulegen; wollen sie die vergangenen und schwebenden Fälle umfassen, auch wenn das Gesetz darüber ausdrücklich nichts sagt, oder ist eine solch weite Anwendung regelmäßig nicht gewollt?

Um Verwechselungen zu vermeiden, soll im folgenden der zu 1. angeschnittene Problemkreis kurz „verbietende Regel" oder „Rückwirkungsverbot" und der Fragenkreis zu 2. kurz „deutende Regel" oder „Gebot der Nichtrückwirkung" genannt werden.

Beide Regeln werden mitunter nicht scharf voneinander geschieden. So ermittelte der BGH[5]) durch Auslegung trotz ausdrücklicher Bestimmung eines Gesetzes, daß es am 1. 1. 1951 in Kraft trete[6]), das Gesetz hätte erst am 15. 2. 1951 in Kraft treten wollen. Der BGH begründet seine Auslegung damit, daß die von dem Gesetz angeordnete „Rückwirkung" unzulässig gewesen sei.

Affolter[7]) verwechselt die Auslegungsregel mit der verbietenden Regel, wenn er gegen Gierkes[8]) Ausführungen zum verbietenden Grundsatz einwendet, es sei Sache des Gesetzgebers, zu bestimmen, wann ein Gesetz „zurückwirke", und es mit Ausschlußklausel zu versehen; denn das hat mit der verbietenden Regel, die sich gerade gegen den Gesetzgeber richtet, nichts zu tun.

Dagegen trennt der BGH die beiden Regeln in einer Entscheidung, für die es darauf ankam, ob das Wirtschaftsstrafgesetz „zurückwirke". Er nahm an, daß auch Wirtschaftsdelikte, die vor Inkrafttreten dieses Gesetzes begangen wurden, nach dem Willen des Wirtschaftsstrafgesetzes unter dessen Bestimmungen fallen sollen. Die Frage der Zulässigkeit einer „Rückwirkung" des Wirtschaftsstrafgesetzes wurde vom BGH sodann gesondert geprüft.[9])

§ 2 Abgrenzung der Untersuchung.

Die vorliegende Untersuchung soll sich lediglich auf die Anordnungen erstrecken, die Gesetze im materiellen Sinne sind oder doch ohne „Rückwirkung" Gesetze im materiellen Sinne wären. Somit bezieht sie sich auch auf Verordnungen und kommunale Satzungen, Sätze des Gewohnheitsrechts[1]) und Tarifnormen, nicht aber auf Rechtsakte.

Von der Betrachtung ausgeschlossen bleiben die Urteile des Bundesverfassungsgerichts, denen Gesetzeskraft zukommt. Zwar tauchen auch

---

[5]) BGHZ 3 S. 82ff.; vgl. LG Bln.-W. in JR 1951 S. 249.

[6]) Das Berliner Gesetz zur Wiederherstellung der Rechtseinheit vom 9. 1. 1951 ist am 15. 2. 1951 verkündet, bestimmt aber in Art. 7 Abs. 1: „Das Gesetz tritt am 1. 1. 1951 in Kraft."

[7]) Affolter, Geschichte S. 624 Anm. 2. [8]) O. v. Gierke, Privatrecht S. 193.

[9]) BGHStr Urt. v. 2. 11. 1951 in NJW 1952 S. 72 (73). Ebenso systematisch ging der BGH im Art. v. 15. 6. 1960 — NJW 1960 S. 1808 — vor (Rückwirkung einer Satzung nach dem AufbauG Nds.).

[1]) Z. B. Beurteilung eines früheren Falles, nachdem sich Gewohnheitsrecht inzwischen neu gebildet hat.

bei diesen Urteilen „Rückwirkungsfragen" auf[2]). Aber Urteile wirken nur feststellend im Gegensatz zu Gesetzen im materiellen Sinne, die ein Sollen statuieren[3]). Urteile mit Gesetzeskraft ähneln eher unselbständigen Rechtssätzen mit quasi- feststellender Wirkung, beispielsweise Rechtssätzen, die eine authentische Interpretation enthalten[4]). Wegen dieser andersartigen Struktur der Urteile mit Gesetzeskraft verbot sich ihre Untersuchung gemeinsam mit den Gesetzen im materiellen Sinne.

Bei der Darstellung beschränke ich mich auf das gesetzte Recht. Das empfiehlt sich zur Vereinfachung und ist auch möglich, ohne Wesentliches hinsichtlich der anderen Rechtsquellen zu übersehen. Denn soweit die Umbildung des Rechts durch Gewohnheit erfolgt, taucht ein „Rückwirkungsproblem" selten auf[5]): Nur dann nämlich, wenn sich zwischen dem abzuurteilenden Geschehen und dem Entscheidungszeitpunkt ein neues Gewohnheitsrecht gebildet hat, kann es zu Rückwirkungsfragen kommen. Dasselbe gilt für den Bereich des reinen Fallrechts[6]) und für das Richterrecht[7]), falls man dies nicht zum Fallrecht zählen will.

Nawiasky macht darauf aufmerksam, daß der Satz nulla poena sine lege, der ja eng mit dem „Rückwirkungsproblem" zusammenhängt, exakt nur gelten könne, wenn sich in dem Bereich der Rechtsgemeinschaft eine Arbeitsteilung entwickelt habe, der zufolge die Gesetzgebung von der Rechtsprechung getrennt sei. Sonst sei keine Lex im formellen Sinne vorhanden. Eine Arbeitsteilung fehle in primitiven Stadien der Rechtsentwicklung, in denen es nur eine einzige Funktion der Gemeinschaft, die Rechtsprechung, gebe: so auch noch zum Teil im Völkerrecht. Daher sei bei den Nürnberger Urteilen durch die Siegermächte nicht von „Rückwirkung" zu reden.[8]) Ähnlich liegt es hinsichtlich des überstaatlichen und vorstaatlichen Rechts. Doch kann darauf in diesem Zusammenhang nicht näher eingegangen werden.

Derselbe Gegenstand wird häufig auch unter anderem Titel behandelt, nämlich als Rechtswechsel[9]), Ausschließlichkeit eines neuen Gesetzes[10]).

Rechtswechsel ist gegenüber unserer Untersuchung zunächst eine Erweiterung. Begrifflich umfaßt Rechtswechsel sowohl das Problem der

---

[2]) Vgl. Maisch in NJW 1959 S. 1475; Götz in NJW 1959 S. 1809; Arndt in NJW 1959 S. 2145.

[3]) Vgl. unten § 4.

[4]) Vgl. unten § 46.

[5]) Habicht, die Einwirkung des BGB auf zuvor entstandene Rechtsverhältnisse, Einl. § 1 S. 1; Goeppert in Ihr. Jb. Bd. 22 S. 76.

[6]) Ein direkter Beleg aus der Literatur, daß das „Rückwirkungsproblem" im Fallrecht fehlt, konnte nicht gefunden werden. Mittelbar zeigt aber die Verfassung der USA Art. 1 Abschnitt 9 Satz 3, daß das Fallrecht insoweit unproblematisch ist; denn hier ist nur das Verbot „rückwirkender" Gesetze ausgesprochen.

[7]) Coing, Rechtsphilosophie S. 285.

[8]) Nawiasky, Allgem. Rechtsl. S. 72; a. A. die h. L., vgl. Scholz, Rechtssicherheit S. 22.

[9]) Heinr. Vervier, Der Rechtswechsel im öffentlichen Recht.

[10]) Affolter gebraucht diesen Ausdruck durchwegs in seinem System.

„Rückwirkung" als auch die davon verschiedene Frage, welcher Zeitpunkt für die Entscheidung des Richters maßgebend ist[11]). Diese letztere Frage wird hier ausgeklammert.

Sowohl Rechtswechsel als auch Ausschließlichkeit sind auch noch in anderer Hinsicht weiter, als diese Untersuchung gehen will. Sie beinhalten Frage nach dem Verhältnis der Gesetze zueinander. „Lex posterior derogat legi priori". Dem alten Recht wird die zeitliche Grenze seiner Herrschaft angewiesen, gleichzeitig aber auch behandelt, ob und wann das neue Recht die Kraft hat, das alte aufzuheben[12]).

Ausschließlichkeit eines Gesetzes setzt voraus, daß es mit anderen Gesetzen in Kollision tritt, die gleichwertig sind und darum möglicherweise „gleichzeitig" gelten können. Diese Themastellung paßt nicht recht für Fälle, in denen es nicht um den Zusammenstoß zweier Rechtsquellen geht, sondern in denen ein neues Gesetz vergangene Sachverhalte von der Nichtrechtssphäre in den rechtserheblichen Raum erhebt. Hier ist also unsere Untersuchung weiter als die über die Ausschließlichkeit eines Gesetzes.

Schließlich sollen auch nicht die Folgen einer „Rückwirkung" behandelt werden. Z. B. wie wirkt der rückwärtshin ausgesprochene Entzug der Zuständigkeit einer Polizeibehörde für eine bestimmte Angelegenheit auf ihre Parteistellung in einem schwebenden Verwaltungsstreitverfahren, wenn in dem Verwaltungsprozeß über eine Verfügung gestritten wird, die die Polizeibehörde auf dem ihr jetzt entzogenen Sachgebiet erlassen hat?[13]) Es wird auch nicht allgemein behandelt, ob der Staat verpflichtet ist, denjenigen zu entschädigen, den er durch „rückwirkendes" Gesetz getroffen hat[14]).

---

[11]) D. h. welches Recht hat der Richter der Berufungs- oder Revisionsinstanz anzuwenden?

[12]) Vervier S. 32.

[13]) Ein Fall, den das PreußOVG in RuPrVBl. 52 S. 248 entschied: Die Polizeibehörde könne das Verfahren nicht weiter betreiben.

[14]) Dafür treten in weitem Umfang sowohl Affolter (System S. 428) als auch Goeppert (in Iher. Jb. Bd. 22 S. 145) ein.

Hauptteil

Erster Abschnitt

Begriff der „rückwirkenden" Gesetze.

Erstes Kapitel

Sacherklärung.

A. Ausgangsposition. § 3

Es gibt keinen gefestigten Begriff der „Rückwirkung". Die Probleme um die „Rückwirkung" sind zwar zwei Jahrtausende alt. Trotzdem ist die konstitutive Idee[1]) der „Rückwirkung" noch nicht gefunden.

Es fehlt sogar an einem unmißverständlichen Ausdruck[2]) für sie[3]). Mehrere gerade von jenen Autoren, die sich mit der „Rückwirkung" besonders befassen, lehnen den Ausdruck „Rückwirkung" ab[4]). Auch von Tuhr[5]) und Forsthoff[6]) haben die Ansicht geäußert, daß der Ausdruck „Rückwirkung" falsch sei. Der BFH spricht von „sogenannter Rückwirkung"[7]). Nun bedenke man aber: „Sprachbilder sind nicht als Äußerlichkeiten ungefährlich. Die Macht des Wortes ist im Recht nicht zu unterschätzen, und sie erschöpft sich keineswegs im Ausdruckstechnischen, sondern bleibt auch bei schon fortgeschrittener Rechtstheorie lange ein maßgebender Erkenntnisfaktor."[8])

Es ist daher nicht nur ein theoretisches, sondern auch ein praktisches Anliegen, zugleich mit der Sacherklärung „rückwirkender" Gesetze einen passenden Ausdruck für sie zu erarbeiten.

Die sogenannte grammatische und die historische Methode versagen bei der Feststellung der Sacherklärung. Einige Gesetze verwenden den

---

[1]) Nach der modernen Auffassung „Die Sacherklärung", vgl. U. Klug, Juristische Logik S. 87 und S. 90/96.

[2]) Im Sinne der klassischen Logik; „Der Taufakt" oder die „Zeichenerklärung" nach moderner Auffassung (Klug a. a. O.).

[3]) Goeppert in Ihr. Jb. Bd. 22 S. 71: „Eine allseitige bessere Formulierung durch die eine das praktische Bedürfnis befriedigende Beherrschung der Detailfragen durch gewöhnliche juristische Denkoperation ermöglicht worden wäre, fehlt."

[4]) So z. B. Affolter, System S. 55. Ähnlich Vervier in Rechtswechsel.

[5]) v. Tuhr, Bürgerliches Recht Bd. I, S. 15, Anm. 61.

[6]) Forsthoff, Lehrbuch I § 8 1.

[7]) BFH, Urt. v. 19. 6. 51 in BStBl. 1952 III S. 25 = BFHE 55 S. 59 = BB 51 S. 515.

[8]) Joseph Esser, Wert und Bedeutung der Rechtsfiktionen S. 205.

Ausdruck „Rückwirkung"[9])[10]). Aber sie sagen nicht, wie er zu verstehen sei, und bei ihrer Verschiedenheit kann man aus ihnen auch nicht an Hand gemeinsamer Merkmale einen „Rückwirkungsbegriff" finden.

Nach den Motiven zum EGBGB I S. 19 sollte kein allgemeiner Satz über den Begriff der „Rückwirkung" in das Einführungsgesetz aufgenommen werden, weil kein Einverständnis über ihn zu erzielen war. Man verstand meist „Rückwirkung" in einem natürlichen Sinne als Rückgängigmachung dessen, was sich vor Inkrafttreten des Gesetzes rechtlich ereignet hatte, und in einem übertragenen Sinne als Einwirkung des neuen Gesetzes auf den im Zeitpunkt seines Inkrafttretens bestehenden Rechtszustand. Aber diese Meinung hat sich nicht gefestigt.

Die heute herrschende Lehre unterscheidet zwischen „echter" und „unechter" Rückwirkung[11])[12]). Die „echte Rückwirkung" wird auch „eigentliche" oder „stärkere Rückwirkung" genannt, die „unechte" „schwächere" oder auch „scheinbare Rückwirkung".[13])

„Echte Rückwirkung" liegt nach der herrschenden Lehre vor, wenn das Gesetz die vor seinem Inkrafttreten abgeschlossenen Fälle ergreift oder wenn es einen zur Zeit des Inkrafttretens schwebenden Sachverhalt erfaßt, sich aber bis auf den Erwerb der Rechtslage, also den Anfang des sich bildenden Sachverhalts (ex tunc), zurückbezieht[14]).

---

[9]) Preuß. Kommunalabgaben-Gesetz vom 14. 7. 1893 (GS S. 152) i. d. F. von 1921 (GS S. 495) § 70 a.

[10]) Gemeindeordnung NRW vom 29. 7. 1952 (SaBl. 1952 S. 1358) § 4; Amtsordnung NRW vom 10. 3. 53 (SaBl. S. 336) § 2 Abs. 1; Landkreisordnung vom 21. 7. 1953 (SaBl. S. 1148) § 3 Abs. 1.

[11]) Schon die Novelle des Theodosius II aus dem Jahre 440 p. Chr. n. C 7 de legibus 1, 14 nennt neben „facta praeterita" auch „negotia pendenta" im Hinblick auf „Rückwirkungsprobleme".

[12]) Für die h. L. vgl. die Nachweisungen bei Staudinger-Gramm, Einl. 3 bis 5 zu Art. 153 EGBGB und Rbem. 13 und die Zitate in der folgenden Anmerkung; a. A. Enneccerus-Nipperdey, Allgemeiner Teil, Hbd. 1 § 61 I; Hueck-Nipperdey, Lehrbuch des Arbeitsrechts II S. 198, N 7; Peters, Verwaltungsrecht S. 82.

[13]) Habicht, Einwirkung S. 12; Rosenberg, Zivilprozeßrecht § 6 I; Staudinger-Gramm, a. a. O. u. a. Rbem. 18; Tietz in NJW 1951 S. 468/470.
Vgl. auch Menger, System des Österreichischen Zivilprozeßrechts S. 198.

[14]) So Urt. d. BAG vom 2. 3. 1955 in NJW 1955 S. 688. Die h. L. versteht unter abgeschlossenem Fall, daß nach altem Recht nichts mehr zu regeln verblieb: z. B. daß ein Schuldverhältnis durch Erfüllung erloschen, ein rechtskräftiges Urteil erwirkt, der Konzessionsinhaber verstorben, der Referendar ausgeschieden (BSG vom 10. 2. 1960 in NJW 1960 S. 788) ist; vgl. § 36 Fn. 1—7. Forsthoff, Lehrbuch I S. 139 meint, „echt" sei die Rückwirkung nur, wenn ein abgeschlossener „Tatbestand" der Norm unterworfen würde, sonst läge keine Rückwirkung vor. H. J. Wolff, Verwaltungsrecht I § 27 I c 1 führt aus, „Rückwirkung" eines Rechtssatzes bedeute, daß in der Vergangenheit liegende abgeschlossene Sachverhalte so beurteilt werden, wie wenn der neue Rechtssatz zu ihrer Zeit schon gegolten hätte. Beide verwenden den Ausdruck „abgeschlossene Sachverhalte" offenbar in einem anderen Sinne als die h. L., nämlich in der Bedeutung, daß der Tatbestand des „rückwirkenden" Rechtssatzes in allen seinen Merkmalen in der Vergangenheit verwirklicht (vollendet) ist. Diese Umschreibung der „Rückwirkung" klammert die nachträgliche Regelung schwebender Sachverhalte ex tunc ganz aus der Betrach-

„**Unecht**" soll die „Rückwirkung" sein, wenn ein Fall, der in der Vergangenheit seinen Ursprung hat, vom Zeitpunkt des formellen Inkrafttretens des neuen Rechts an (ex nunc) für die Zukunft neu geregelt wird.[15])

Nach allgemeiner Ansicht in Rechtsprechung[16]) und Wissenschaft[17]) enthält jede „echte Rückwirkung" eine **Fiktion**.

Im einzelnen wird Unterschiedliches gesagt. Der BFH[18]) — und ebenso Affolter[19]) — halten die „Rückwirkung" für eine Fiktion, nach der in der Vergangenheit liegende Sachverhalte so zu beurteilen sind, als wären sie erst unter der Herrschaft des neuen Gesetzes eingetreten.

---

tung aus. M. E. ist die Terminologie der h. L. zutreffend. Die Erhöhung des Schulgeldes während der laufenden Abrechnungsperiode für die ganze Abrechnungsperiode muß als „echte Rückwirkung" aufgefaßt werden, paßt aber schlecht in die Terminologie: Unterwerfung abgeschlossener Fälle unter einen Rechtssatz. — Das BVerfG führt in seinem Leitsatz a) zum Beschl. vom 31. 5. 1960 — NJW 1960 S. 1563 — aus: „Echte (retroaktive) Rückwirkung . . . liegt nur vor, wenn das Gesetz nachträglich ändernd in abgewickelte, der Vergangenheit angehörende Tatbestände eingreift."

[15]) So ausdrücklich BGHZ 18 S. 81 = NJW 1955 S. 1553 (1555). Von „Rückwirkung" i. S. einer „unechten Rückwirkung" spricht auch das RG in RGZ 11 S. 186; 42 S. 89ff.; 43 S. 25; 100 S. 246. Den Ausdruck „uneigentliche Rückwirkung" wählen die Motive zum EGBGB I S. 21. Nach Hans Ehlers in StW 1953 Sp. 113ff. (115) liegt „unechte Rückwirkung" bei Steuergesetzen vor, wenn der Betroffene sich auf die neue Gesetzgebung noch einrichten kann, echte, wenn er das nicht mehr kann. Diese Begriffsbestimmung ist aber nicht die herrschende. Wenn ein Steuergesetz gewisse Steuervergünstigungen für den Wiedererwerb von im Kriege zerstörten Gütern ab sofort aufhebt, jedoch die schon gekauften, aber noch nicht angelieferten neuen Güter von der Steuervergünstigung ausnimmt, so liegt nach h. L. „unechte Rückwirkung", vor und doch kann der Steuerpflichtige sich nicht auf dieses Gesetz einrichten. Vgl. auch Eugen Jorcks in BB 1957 S. 1274ff. (IV 2) „Informationen", der ein Gesetz behandelt, das unvorhersehbar, aber nur für die Zukunft, Steuervorteile streicht. M. E. richtig bestimmt Egon v. Turegg, Lehrbuch des Verwaltungsrechts, 3. Aufl., Berlin 1956, S. 67/68 die „Rückwirkung"; er begründet seine Definition jedoch nicht; auch ist sie unscharf: „Rechtsfolgen von Tatbestandsmerkmalen der Vergangenheit (Gegenwart) abhängig machen".

[16]) Bayer. VerfGHE v. 8. 6. 51 in GVBl. S. 113ff. (117) = VGHE n. F. 4 II S. 90ff.; „Rückwirkungsfiktion", BVerfGE 2 S. 237 = NJW 1953 S. 1077 = JZ 1953 S. 502.

[17]) Staudinger-Gramm im Kommentar zum EGBGB, Einl. 3 zu Art. 153 S. 356: „Es handelt sich also (gemeint ist die Rückwirkung) um eine Fiktion, daß auch die in die Zeit vor dem Erlaß des neuen Gesetzes fallenden Tatsachen ausschließlich der Herrschaft des neuen Gesetzes unterstellt werden sollen"; Walter Schätzel, Deutsche Rechtszeitschrift, Tübingen 1946/47, S. 214; Gerhardinger in Arch. f. R. u. Soz. Phil. Bd. 28 S. 525; ebenso Rieger, Rechtsentziehung durch Tarifvertrag S. 1f. und die dort Zit.. Vorsichtig dagegen Enneccerus-Nipperdey, Allgemeiner Teil, Hbd. 1 § 61 I: „Das gesunde Rechtsempfinden sieht in ihr oft eine Fiktion"; Hueck in Hueck-Nipperdey, Arbeitsrecht 1. Aufl. 1930, II S. 84 Anm. 17: „Rückwirkung ist ein juristisch-technischer Denkbehelf für etwas, was in der Gegenwart oder Zukunft geschehen soll, allerdings mit Rücksicht auf die Vergangenheit."

[18]) Vgl. Mattern, Rspr. zum allgem. Steuerrecht in JZ 1954 S. 348; Jellinek, Verwaltungsrecht 1948 § 7 VI 1 S. 142; bes. BFH in BB 1951 S. 550, ebenso in BStBl. 1958 III S. 222; anders BFH in BStBl. 1953 III S. 111 = BFHE 57 S. 282 = StW 1953 II Sp. 195, Nr. 91, wo ausgeführt ist, die Steuerschuld des SHG sei am Währungsstichtag entstanden; RFHE 9 S. 160ff.

[19]) Affolter, System S. 56; Franke, Grundsatz S. 6.

Enneccerus-Nipperdey[20]) meint, ein „rückwirkendes" Gesetz baue auf der Fiktion auf, „als ob das Gesetz schon früher gegolten habe". Hier wird also im Gegensatz zu der Meinung des BFH die Rechtslage zurückbezogen gedacht. Ebenso stellt sich von Tuhr bei „rückwirkenden" Gesetzen die neue Rechtslage als in der Vergangenheit eingetreten vor[21]). Auch Goeppert meint, das „rückwirkende" Gesetz würde „wie ein schon früher erfolgtes gehandhabt"[22]).

Von der Unterscheidung „unechter" von „echter" Rückwirkung kann nicht ausgegangen werden. Denn niemand sagt genau, was denn „Regelung ex tunc" oder „ex nunc" bedeutet.[23]) Loewer meint: „Eine echte Rückwirkung liegt nur vor, wenn die von dem Gesetz aufgestellten Rechtswirkungen schon vor seinem Inkrafttreten eingetreten sind"[24]), offenbar beeinflußt von Goeppert und Zitelmann[25]). Aber ist das richtig? „Gilt" das Gesetz rückwärtshin? „Wirkt" es kausal zurück? Und ist das Lastenausgleichsgesetz, soweit es Ausgleichsabgaben von den am 21. 6. 1948 bestehenden Vermögen fordert, kein „rückwirkendes" Gesetz? Es paßt weder unter die Begriffsbestimmung für „echte" noch die für „unechte" Rückwirkung; denn es werden weder abgeschlossene Fälle noch schwebende Sachverhalte ex tunc oder ex nunc geregelt.

Aus der Erkenntnis, daß die Rückwirkung Fiktionen bestimmter Art enthält, werden erstaunlicherweise von niemandem Folgerungen gezogen. Man kann das offenbar nicht, weil sich der Charakter der „rückwirkenden" Gesetze keineswegs in einer so oder so gearteten Fiktion erschöpft. Die Eigenheiten der „rückwirkenden" Gesetze müssen daher neu entwickelt werden.

Was geschieht, wenn ein Gesetz mit „rückwirkender Kraft" erlassen wird?

B. Die Eigenheiten „rückwirkender" Gesetze.

§ 4 *I. Das „rückwirkende Gesetz" als Sollsatz.*

Nach herrschender Ansicht[1]) sind selbständige Rechtssätze (abstrakte[2]) Sollenssätze[3]). Sie enthalten Imperative, d. h. Gebote und Verbote[4])

---

[20]) Enneccerus-Nipperdey, Allgemeiner Teil §§ 61f.; ähnlich H. J. Wolff, Verwaltungsrecht § 27 I c 1. [21]) Von Tuhr, Allgemeiner Teil Bd. I S. 15 Anm. 61.

[22]) Ihr. Jb. Bd. 22 S. 152; ähnlich BVerwGE 10 S. 245: „. . . die Rechtslage ist demnach so zu beurteilen, als ob die Neufassung des § 294 LAG von Anfang an Geltung gehabt hätte."

[23]) Der BFH spricht in StW 1953 II Nr. 91 Sp. 196/197 (vgl. oben Fußn. 18) von „rückwirkender Bedeutung" des SHG und in BStBl. 1953 III S. 250: § 3 Ziff. 3 Bst. a, § 4 des EStG und KschStG 1951 (verbindlich seit dem 1. 7. 1951) „wirkt sich auf die Zeit vom 1. 1.—30. 6. 1951 aus"; der vergangene Tatbestand werde nicht beeinflußt; er diene nur als Bemessungsgrundlage.

[24]) Loewer, Rückwirkung der Steuergesetze und wohlerworbene Rechte in StW 1953 Sp. 305ff.

[25]) Unten § 8 Anm. 2; vgl. auch Mot. z. EGBGB I S. 19.

[1]) Enneccerus-Nipperdey, Allg. T., Hbd. 1 § 30 II S. 116; Nawiasky, Rechtslehre S. 14/15 betont, daß auch im Ausland diese Lehre vertreten werde.

oder sie gewähren eine Rechtsmacht[5]), also die Befugnis, die Verpflichtung eines anderen auszulösen[6]). Alle selbständigen Rechtssätze richten sich an den Willen des Adressaten[7]): „Der Staat will, du sollst Ursache sein"[8]).

Durch eine „rückwirkende" Anordnung wird jedenfalls im Zeitpunkt ihres Erlasses ein Sollen statuiert. Jede „rückwirkende" Anordnung stellt also einen Sollsatz — im Sinne der herrschenden Lehre — dar; fraglich kann nur sein, ob sich das Sollen vielleicht zeitlich in die Vergangenheit richtet oder ob es auch für die Vergangenheit „galt".

Nach Kelsen's reiner Rechtslehre sind die Rechtssätze hypothetische Urteile des Staates über ein Sollen[9]); hypothetisch deshalb, weil das Sollen nur eintritt, wenn der Tatbestand verwirklicht wird. Man könnte meinen, bei „rückwirkenden Rechtssätzen" gäbe es das nicht. Hier steht ja fest, daß das Sollen eingetreten ist, da der Tatbestand bereits verwirklicht ist. Der Staat — so könnte man annehmen — treffe in Wahrheit eine tatsächliche Feststellung über das Bestehen eines Sollens; es handele sich also nicht um ein hypothetisches Urteil, sondern um ein Tatsachenurteil.

Kelsen selbst führt aus, daß es ein vergangenes Sollen nicht gäbe, daß vielmehr alles Sollen in der Zukunft liege, auch bei „rückwirkenden Gesetzen". Nach seiner Meinung handelt es sich bei „rückwirkenden Rechtssätzen" um dasselbe (hypothetische?) Urteil wie bei normalen Rechtssätzen. Es liegt nach Kelsens eigener Ansicht also keine Abweichung vor[10]). Daher besteht kein Anlaß, sich mit dieser Lehre besonders auseinanderzusetzen.

II. Zeitliche Richtung des Sollsatzes. § 5

Das Sollen richtet sich an den Willen[1]). Fraglich ist, wo bei Gesetzen, die „rückwirkend" in Kraft treten, ein vergangener Wille angesprochen

---

[2]) Strittig, ob zum Begriff des Rechtssatzes gehörend.

[3]) Synonym mit „Sollsatz" wird im Anschluß an H. J. Wolff, Verwaltungsrecht § 24 II im folgenden auch von „Anordnung" gesprochen.

[4]) August Thon, Rechtsnorm; Binder, Rechtsnorm und Rechtspflicht S. 20.

[5]) W. Jellinek, Gesetz, Gesetzesanwendung S. 133; Nawiasky, S. 155 und 157; Kelsen, Hauptprobleme S. 690; H. J. Wolff, Verwaltungsrecht § 24 II a 1 β.

[6]) Nawiasky, Rechtslehre Bd. I S. 8.

[7]) Daneben gibt es die sog. unselbständigen Rechtssätze wie z. B. gesetzliche Definitionen oder die Gesetze, die eine Fähigkeit geben (z. B. die Postulationsfähigkeit, die Zuständigkeit im Verwaltungsrecht usw.). Diese interessieren als Teilnormen zunächst nicht.

[8]) W. Jellinek, a. a. O. S. 30ff., 32. Auch die Aufhebung eines selbständigen Rechtssatzes beinhaltet einen Sollsatz, Jellinek, Gesetz, Gesetzesanwendung, S. 13.

[9]) Kelsen, Hauptprobleme, Vorrede S. VII; und S. 13, 14, 69, 395.

[10]) Kelsen, Hauptprobleme S. 15 und 293.

[1]) Auch nach der Lehre Kelsens, Hauptprobleme S. 159: daß sich jedes Sollen an den Willen richtet, gehört zu seinem Begriff; das Sollen ist nach Rudolf Eisler, Wörterbuch der philosophischen Begriffe, II S. 249: „Verhältnis einer objektiven Vernunft zu einem Willen . . ."

werden kann; oder anders ausgedrückt, ob das Sollen hinsichtlich des „Rückwirkungszeitraumes“ eine andere Richtung haben kann als bei normalen Rechtssätzen. Ist das Sollen zeitlich gerichtet, also nicht umkehrbar, und immer auf die Zukunft hinweisend, oder ist es zeitlich neutral?

Das Sollen ist zunächst ein Befehl. Dieser hat allein Sinn und Gehalt, wenn er motivieren kann; ein vergangener Wille kann nicht mehr beeinflußt werden[2]): „Ein geschehener Willensakt (die Handlung) kann niemals mehr zur Norm in jener eigenartigen Relation stehen, die für das Verhältnis der Norm zur Handlung charakteristisch ist, in der Relation des Sollens. Denn die geschehene Handlung ist für immer dem Wirkungs- und Geltungskreise der Norm entzogen, aus der Welt des Sollens ausgeschieden. Eine vollzogene Handlung kann überhaupt nicht mehr unter die Kategorie des Sollens fallen“[3]).

Zu demselben Ergebnis führt folgende Überlegung: Der Begriff des Rechtssatzes als Sollsatz ist zwar nicht „in der Zeit“. Ein Begriff gehört zum Zeitlosen, zu dem, was von den Dingen, die in der Zeit sind, als ihr zeitloses Wesen abgezogen ist. Aber das, wovon der Begriff des Sollens abgezogen wurde, kann deshalb doch ohne Zeitmoment undenkbar sein. Das Sollen bezieht sich auf unseren Willen, also uns selbst. Bezugspunkt ist also etwas Lebendiges. Etwas dem Lebendigen Angehörendes und doch Zeitloses gibt es erfahrungsgemäß nicht. Vielmehr ist die Selbstbetrachtung immer zugleich Betrachtung der Zeit, wie umgekehrt die Zeit nach überwiegender Ansicht in der Philosophie[4]) die Auffasssung unserer selbst ist. Ist der Bezugspunkt des Sollens aber „in der Zeit“, so muß auch dieses zeitlich gerichtet sein.

Zeit bedeutet Aufeinanderfolge von Dingen, zeitliche Ordnung, also Nichtumkehrbarkeit. Daher muß das Sollen begrifflich vor seinem Bezugspunkt, dem Willen, eintreten. Damit ist bewiesen, daß ein vergangener Willensakt mit einem jetzigen Rechtssatz niemals in der Relation des Sollens verbunden sein kann.

Damit ist aber nicht ohne weiteres gesagt, daß das Sollen nicht kraft der Souveränität des Gesetzgebers in die Vergangenheit zurückgezogen sein kann, d. h. in der Vergangenheit schon gegolten haben kann. Das zeigen die folgenden Ausführungen.

§ 6 *III. Geltung „rückwirkender“ Gesetze in der Vergangenheit.*

Das Gesetz als Sollsatz kann eine Wirkung haben, indem es befolgt wird. Diese Wirkung entspricht dem Charakter des Gesetzes als Sollsatz.

---

[2]) Auch nicht teleologisch, vgl. unten § 7.
[3]) Kelsen, Hauptprobleme S. 15.
[4]) Rudolf Eisler, Philosophische Begriffe, Stichwort „Zeit“.

Daneben kommt jedem Gesetzeserlaß eine Handlungswirkung zu: die Rechtsordnung wird geändert[1]). Der Zustand, der durch den geschichtlichen Akt des Gesetzeserlasses entsteht, der also besteht, weil eine „Sollquelle"[2]) vorhanden ist, wird Geltung eines Sollens genannt. Darin stimmen die meisten (Rechts-) Philosophen überein[3]). So schreibt Eisler[4]): „Ein Sollsatz gilt, wenn für das darin ausgedrückte Sollen eine Quelle gegeben ist. Dagegen gilt ein ‚Satz' über ein Sein, wenn das Urteil wahr ist."

Über den Charakter der Geltung besteht Uneinigkeit, weil sie von verschiedenen Standpunkten aus betrachtet wird und daher jeweils verschiedene Merkmale betont werden. Die Möglichkeit, die Geltung eines Gesetzes auch für die Vergangenheit anzunehmen, hängt von dieser ihrer Wesensart ab. Daher muß auf die verschiedenen Deutungen der Geltung eingegangen werden.

Die formale Seite der Geltung betrifft die juristisch-technische Seite[5]). Formale Geltung liegt vor, wenn das Gesetz ordnungsmäßig zustande gekommen und verkündet ist; zeitlich vor der Publikation kann sie nicht eintreten.

Wenn ein Gesetz dem Inhalt nach vergangene Sachverhalte regelt oder sich für die Vergangenheit Kraft zuschreibt, so ist es formell doch erst ab dem Zeitpunkt seiner Entstehung in Geltung. „Rückwirkende Gesetze" haben also keine zeitlich vorverlegte formale Geltung.

Die formale Geltung tritt in der Regel mit der Verkündung des Gesetzes ein[6]). Die positive Rechtsordnung vermehrt sich formal schon mit der Verkündung um das neue Gesetz. Das neue Gesetz ist jetzt formal ihr Bestandteil, wenn auch seine Wirksamkeit noch von einer anderen, weiteren Komponente, seinem Inkrafttreten, abhängt[7]).

Über die formelle Geltung hinaus ist aber noch eine weitere „irgendwie geartete Faktizität"[8]) vorhanden, wenn ein Gesetz erlassen ist.

---

[1]) W. Jellinek, Gesetz, Gesetzesanwendung S. 32 mit Zitaten; Rudolf Stammler sagt in seinem Lehrbuch der Rechtsphilosophie S. 264: „Die erste Voraussetzung eines Rechtssatzes bedeutet eine Veränderung der seitherigen Zwecklage, wodurch ein neues Mittel sich nötig macht. Daher muß das rechtliche Wollen nicht nach der Kategorie der Kausalität, sondern nach Zweck und Mittel geordnet werden. Als Zweites stellt sich dann eine Veränderung in den Rechtsverhältnissen ein."

[2]) Nawiasky, Rechtslehre Bd. I S. 88.

[3]) Kelsen, Hauptprobleme S. 14, 17; W. Jellinek, Gesetz, Gesetzesanwendung S. 30, 109, 112; Coing, Grundzüge S. 9: „Das Recht muß gelten, d. h. tatsächlich befolgt werden."

[4]) R. Eisler, Philosophische Begriffe, Bd. I S. 499, zitiert K. Wolff, Grundlehren des Sollens, 1924, S. 140.

[5]) M. E. Mayer, Rechtsphilosophie S. 56.

[6]) Nawiasky, Rechtslehre Bd. I S. 88/89; vgl. Wolff, Verwaltungsrecht I § 27 I.

[7]) Hier erlangt das Gesetz seine Wirksamkeit. Es soll jetzt vom Normadressaten befolgt und angewendet werden; bei gewährenden Rechtssätzen besteht von nun ab die Rechtsmacht. Nawiasky nennt Rechtswirksamkeit auch Verbindlichkeit eines Gesetzes.

[8]) Baumhoer, Die Fiktion im Straf- und Prozeßrecht S. 24.

Welche Wesensmerkmale die Geltung in diesem weiteren Sinne trägt, wird unterschiedlich beantwortet. Man kann je nach der Betonung oder Weglassung bestimmter Merkmale unterscheiden:

1. eine psychologische Auffassung[9]),
2. eine soziologische Auffassung[10]),
3. eine Auffassung der Geltung eines Rechtssatzes als reine Seinsform des Rechts[11]).

Die psychologische und die soziologische Auffassung sind eng verwandt. Letzten Endes hat man den Eindruck, daß ein gewisses psychologisches Element mehr betont wird, wenn die Anerkennungstheorie Bierlings abgelehnt werden soll[12]), das soziologische Moment aber, wenn sie für richtig gehalten wird. Beide Auffassungen gehen im Kern davon aus, daß zur Geltung eines Rechtssatzes die psychologische Überzeugung (eines gewissen Kreises) der Rechtsgenossen gehört, bzw. die Anerkennung durch die Rechtsgenossen. Geht man von diesem Standpunkt aus, so gilt der Rechtssatz erst nach der Verkündung des Gesetzes; denn zu jeder Überzeugung oder Anerkennung der Rechtsgenossen gehört eine Ursache. Die Ursache für die Überzeugung, daß etwas rechtens ist, kann nur die Verkündung eines Rechtssatzes sein[13]). Die Wirkung (Überzeugung) kann aber nicht zeitlich vor der Ursache eintreten.

Damit ist nun noch nicht gesagt, ob die Rechtsgenossen nicht nach der Verkündung die Überzeugung haben können und anerkennen, daß der Rechtssatz schon früher gegolten hat. Die damalige Geltung wäre dann freilich nicht von der Anerkennung getragen. Vielmehr würde die jetzige Anerkennung „zurückwirken". Zivilrechtlich würde man sagen: Genehmigung. Ob das möglich ist, ist zumindest zweifelhaft.

Man wird dem ganzen Inhalte und Sinn der „Anerkennungstheorie" — sei es die psychologische oder die soziologische Auffassung — entnehmen müssen, daß als Recht nur das gelten soll, was von der lebendigen Vorstellung der Rechtsgenossen getragen wird. Zwar kann die Vorstellung Früheres umfassen. Aber sie kann nicht bewirken, daß sie früher tatsächlich vorhanden gewesen wäre und als Element der Geltung dem Rechtssatz schon damals zum „Leben" verholfen hätte.

---

9) In ihrer reinen Form herausgearbeitet von R. Stammler, Rechtsphilosophie S. 168: „Rechtsphilosophisch gehört zu jedem Gelten eines Rechtssatzes die Anerkennung und zu jeder Anerkennung die wirkende Ursache."

10) Sauer, Rechtsphilosophie S. 393ff.; M. E. Mayer spricht in Rechtsphilosophie S. 56/57 von „soziale Geltung". Das Bundesverfassungsgericht, Urt. v. 17. 12. 1953 in NJW 54 S. 21ff. (24), rechte Spalte, spricht von soziologischer Geltung eines Rechtssatzes.

11) R. Stammler, Theorie S. 148: „Gelten eines Rechtssatzes ist die Möglichkeit, es durchzusetzen." — „Sie ist unabhängig von der Anerkennung eines Rechtssatzes." Kelsen, Hauptprobleme S. 13/14 meint: Geltung eines Rechtssatzes sei das Wollen des Staates. Die Geltung liege im Sollen.

12) R. Stammler, Theorie S. 168.

13) Außer bei reinen Kodifizierungen bestehender (geltender!) Rechtssätze; vgl. den letzten Absatz vor § 7.

Danach ist eine „Rückgeltung", wenn man darunter versteht, daß das Gesetz damals positiv gegolten hat[14]), nach dem Sinn der „Anerkennungstheorie" nicht möglich.

Nach Kelsen liegt die Geltung eines Rechtssatzes im Sollen. Wenn der Staat will, du sollst, so „gilt" der Sollsatz[15]).

Diese Geltung ist unabhängig von einer Anerkennung oder Billigung durch die Rechtsgenossen; es ist die „reine Geltung"[16]). Es erhebt sich aber sofort die Frage, wann will der Staat das Sollen? Will er es erst ab der Verkündung oder schon vorher? Will er „Sollquelle" rückwärtshin sein?

Die Fragen werden sich subjektiv, d. h. auf den Willen des Gesetzgebers abgestellt, nicht lösen lassen. Denn so exakt äußert der Gesetzgeber seinen Willen nicht, er legt auch nicht die reine Rechtslehre Kelsen's bei seinen Gesetzen zugrunde. Es schiebt sich daher zunächst die Frage ein: Kann der Gesetzgeber rückwärtshin Sollquelle sein?

Ist der Rechtssatz als Sollsatz stets einem zukünftigen menschlichen Willen zugeordnet, so kann man sagen, daß es zwar logisch möglich, aber sozial zwecklos[17]) ist, wenn das Gesetz sich Geltung für die Vergangenheit zulegt. Denn es kann in der Vergangenheit keine Wirkung haben, da es nicht nachträglich befolgt werden kann. Letzteres wird hier vorweggenommen; es wird unten (§ 7) näher begründet werden. Dieser äußerlich auf die Zwecklosigkeit einer „Rückgeltung" abstellenden Begründung steht eine mehr in die Tiefe dringende Beweisführung zur Seite.

Keine Richtung in der Kunst, einem der Sinnbilder aller Kultur, kann zeitlich plötzlich früher einsetzen. Wohl kann sie an Vergangenes in ihrer zukünftigen Entwicklung anknüpfen. Das Recht als Teil der Kultur im weiteren Sinne kann nicht anders verfahren. Kultur heißt — und hier meine ich Oswald Spengler[18]) zustimmen zu müssen — Entwicklung und Schicksal. Alle Kultur ist daher wie das Leben der Zeit unterworfen und nicht umkehrbar.

Genau wie die Kunst sich nach „leeren" Zeiten damit begnügen muß, sich schneller zu entwickeln, und so das versäumte Vergangene nachzuholen, kann auch die Rechtsordnung nicht die Vergangenheit ausfüllen und eine früher unterlassene Regelung tatsächlich nachholen.

Das Gesetz kann also nur für die Zukunft gelten: dabei kann es äußerstenfalls an Vergangenes anknüpfen und, soweit hier ein Sollen unter-

---

[14]) Nawiasky, Rechtslehre Bd. I S. 89, der von seiner Definition ausgeht, daß ein Gesetz in Geltung ist, wenn es Bestandteil der Rechtsordnung ist, sagt: „Ein ‚rückwirkendes' Gesetz hat damals, d. h. vor der Verkündung, nicht gegolten. Es war damals einfach nicht Bestandteil der Rechtsordnung." Vgl. Bayer VGHE 4 II S. 90 = JZ 1951 S. 637.

[15]) Kelsen, Hauptprobleme S. 17.

[16]) Kelsen, a. a. O. S. 17.

[17]) Kelsen, a. a. O. S. 293: „Sofern man die Rechtsnorm nach ihrem sozialen Zweck bestimmt, ist ‚Rückwirkung' undenkbar."

[18]) Oswald Spengler, Untergang des Abendlandes, 48.—52. Aufl., München 1923, Bd. I S. 154ff., 170f.

blieben ist, dies jetzt statuieren, um wiedergutzumachen oder auf das rechte Gleis zu bringen, was sich fehlsam entwickelt hatte. Die Zeit ist für die Normgeltung nicht ein „totes Faktum", wie Zitelmann[19]) annahm; vielmehr ist die Normgeltung ganz dem Leben als etwas Fließendem, das nichts gegenständlich Bestimmtes in sich bergen kann, zugeordnet[20]).

Im Ergebnis ist mithin festzustellen: *Ein Sollen hat es bei „rückwirkenden" Gesetzen in der Vergangenheit nicht gegeben.*[21]) *Eine Rechtsquelle vermag sich also Geltung für die Vergangenheit in keiner Weise zuzulegen; weder können in der Vergangenheit, ex post gesehen, das alte und das neue Recht kollidieren, noch hebt das neue Recht im „Rückwirkungszeitraum" das alte Recht auf oder bricht das alte Recht.* Vervier geht also von falschen Voraussetzungen aus, wenn er die „Rückwirkungsprobleme" mit Hilfe der intertemporalen Kollisionsregeln (lex posterior derogat legi priori — lex specialis derogat legi generali) zu lösen sucht.[22])

Es ist eine andere Frage und unten in § 10 zu behandeln, ob das Gesetz eine Geltung für die damalige Zeit fingieren kann, um daraus für die Zukunft Folgen abzuleiten.

Von den Gesetzen, die neue Regeln für schon vergangene Fälle schaffen, sind zu unterscheiden die Gesetze, die ein schon in der Vergangenheit bestehendes Sollen lediglich aussprechen[23]). Dann hat die Kodifikation für die Vergangenheit „Rückgeltung". Das ist möglich, weil damals ja schon eine „Sollquelle" bestand und die formale Geltung des neuen Gesetzes in die Vergangenheit zurückreichen kann. Es handelt sich also um eine nur scheinbare Ausnahme von der grundsätzlichen Zukunftsgeltung aller Gesetze.

Daher legten sich die Strafgesetze des Kontrollrats nicht unzulässigerweise rückwärtshin Geltung zu, soweit sie überpositiven Normen entsprachen. Allerdings ist zu berücksichtigen, daß beispielsweise die Bestrafung von Personen, die Saboteure oder Schwarzhörer denunzierten, nicht ohne weiteres durch einen überpositiven und daher schon vor 1945 geltenden Sollsatz gedeckt ist.

---

[19]) Zitelmann, Irrtum und Rechtsgeschäft S. 206.

[20]) Tietz, NJW 1951 S. 470.

[21]) Bayer VerfGHE 5 (1952) II S. 167 hatte über folgenden Sachverhalt zu entscheiden: Das Bayer. Beamtengesetz von 1947, das sich „Rückwirkung" ab 7. 11. 1946 beilegte, hatte den § 174 Abs. 2 Satz 2 Ziff. 1 DBG aufgehoben. Das Gericht führte aus: Es ist begrifflich unmöglich, die geschehene Tatsache der Aufhebung einer Norm kraft einer Fiktion zurückzuverlegen, und würde rechtsstaatlichen Grundsätzen widersprechen." A. A. ausdrücklich, aber ohne die notwendige Begründung: BFH in StW 51 Nr. 16: Das „rückwirkende" SHG v. 18. 9. 1949 habe die Steuerschuld schon damals entstehen lassen, so daß es auch für einen inzwischen Verstorbenen gelte. Dazu Friedlaender „Rückwirkung in Steuergesetzen" StW 1953 S. 262 und Urt. d. BFH in StW 1953 Nr. 91 S. 195.

[22]) Vervier, Rechtswechsel.

[23]) Vgl. H. J. Wolff, Verwaltungsrecht § 27 I c 2.

IV. Wirkung „rückwirkender“ Gesetze für die Vergangenheit.

a) Die Befolgung des Sollens. § 7

Nachdem festgestellt ist, daß das Gesetz kraft seines Charakter als Sollsatz begrifflich einem zukünftigen Willen zugeordnet ist und nicht vor seiner Publikation Geltung erlangen kann, bleibt noch die Untersuchung, ob das Gesetz sonstwie in die Vergangenheit zurück wirken kann.

Die Frage soll eingehender behandelt werden, weil gerade hier der Ausdruck „Wirkung“ eine Rolle spielt, der in dem Ausdruck „Rückwirkung“ enthalten ist.

Das Wort „Wirkung “wird allgemein im Sinne der Kausalitätslehre zur Bezeichnung der „Folge einer Ursache“ gebraucht[1]). Von der herrschenden Lehre wird unter Wirkung eines Gesetzes dessen Befolgung verstanden[2]). (Anderer Auffassung ist W. Schultze[3]): Das Gesetz könne, da es eine Abstraktion sei, Wirkungen in der Naturwelt nicht hervorbringen. Aber es ist ein Vorurteil, daß Abstraktionen nicht wirken könnten.) — Wenn man in dieser Weise von Wirkung eines Gesetzes spricht, sieht man auf die Veränderung der Wirklichkeit durch das Handeln des vom Gesetz Betroffenen. Wenn ein Gesetz befolgt wird, so sagt man: es ist irgenwie Ursache geworden, die Verkündung war Ursache des Bekanntwerdens, letzteres Ursache des weiteren Verhaltens des Adressaten.[4])

Geht man von der herrschenden Lehre aus, daß die Befolgung des Gesetzes — die Wirkung — kausal mit dem Sollsatz verknüpft ist, so erhebt sich die Frage, ob eine „Rückwirkung“ möglich ist.

---

[1]) Rudolf Eisler, Philosophische Begriffe Bd. III unter „Wirkung“ und unter „Ursache“. W. Jellinek in Gesetz, Gesetzesanwendung spricht von Wirkung eines Gesetzes durchweg als Folge einer Ursache; ebenso Kelsen in Hauptprobleme z. B. S. 13ff. und M. E. Mayer, Rechtsphilosophie S. 57. Während Jellinek und Kelsen das Ursächlichwerden in der Welt der Vorstellung (Jellinek S. 26: Änderung der Rechtsordnung als Wirkung des Erlasses eines Gesetzes) und in der Außenwelt verstehen, faßt Goeppert in Ihr. Jb. Bd. 22 S. 111 und 114 Wirkung allein im Sinne von Änderung der Rechtsordnung auf. Ihm folgend, sagt Zitelmann in Irrtum und Rechtsgeschäft S. 208: „Rechtswirkung ist etwas rein Ideales.“ Gegen Goeppert wendete sich schon Affolter in Geschichte S. 646ff.

[2]) W. Jellinek, Gesetzesanwendung S. 25ff.; Nawiasky, Rechtslehre Bd. I S. 108; M. E. Mayer, Rechtsphilosophie S. 57; Sauer, Rechtsphilosophie § 46 II, S. 382. Inkonsequent Zitelmann in Irrtum und Rechtsgeschäft S. 202. — Anders Coing in Rechtsphilosophie S. 18, der hier von „Geltung“ spricht; aber S. 236 und 243 gebraucht Coing den Ausdruck „Geltung“ in derselben Bedeutung wie wir. — Nach Kelsens Ansicht ist die Befolgung der Zweck des Gesetzes (Hauptprobleme II, Vorrede VII); eine Wirkung hat das Gesetz nach seiner Meinung überhaupt nicht. Georg Jellinek in Gesetz und Verordnung S. 250: „Wirkung des Gesetzes ist es, neue Rechte und Pflichten zu schaffen.“ Demgegenüber muß jedoch betont werden, daß die Schaffung neuer Rechte und Pflichten den Inhalt der Gesetze betrifft, nicht aber ihre Wirkung; die Wirkung eines Gesetzes ist vielmehr in der Motivation der Betroffenen zu suchen.

[3]) Werner Schultze, Tatbestand und Rechtsfolge, Berlin-Leipzig 1909.

[4]) W. Jellinek, Gesetz, Gesetzesanwendung S. 26.

Es ist eine ausgemachte Sache, daß eine kausale Verbindung immer zeitlich gerichtet ist. Der Ursache muß die Wirkung folgen[5]). Dieser Satz ist für die Kategorie der Kausalität nicht ein Axiom der Logik[6]). Er ist vielmehr Unterfall des Satzes vom zureichenden Grunde[7]), der seinerseits ein Hauptsatz der Logik ist. Deshalb hat Goepperts Entgegnung[8]), Kausalität gäbe es nur unter den konkreten Elementen der sinnlich wahrnehmbaren Welt, keine Bedeutung. Denn der Satz vom zureichenden Grunde gilt auch in der Welt der Vorstellungen. Für die Befolgung eines „rückwirkenden" Rechtssatzes vor dessen Erlaß fehlt es an einem zureichenden Grund.

„Rückwirkung" in dem Sinne, daß das Gesetz rückwärtshin Ursache für seine Befolgung sei, gibt es also nicht[9]).

Zu prüfen bleibt, ob nicht die Befolgungshandlung vor Erlaß des Gesetzes final durch dieses ausgelöst sein kann[10]).

Handlungen sind auch denkbar im Hinblick auf ein erwartetes rückwirkendes Gesetz. Das zeigen die bekannten Klauseln in den Grundstückskaufverträgen der Jahre 1945 bis 1951: „Der Käufer übernimmt alle anläßlich der zukünftigen Kriegsschadenregelung auf das Grundstück entfallenden öffentlichen Abgaben . . ."

Auch eine Entscheidung des OLG Köln weist ein derartiges finales Nach-einem-zukünftigen-Gesetz-Richten auf.

Das Oberlandesgericht Köln hob in einer Landwirtschaftssache die vorinstanzliche Sachentscheidung im Oktober 1953 durch verkündeten Beschluß auf und ließ die Rechtsbeschwerde zu für den Fall, daß sie vom Gesetzgeber ermöglicht würde. Die Begründung wurde erst später abgesetzt. Im Schluß der Gründe heißt es: „Die Rechtsbeschwerde wurde mit Rücksicht (?) auf das zu erwartende und inzwischen veröffentlichte Gesetz über das gerichtliche Verfahren in Bodenreformsachen zu-

---

[5]) R. Eisler, Philosophische Begriffe Bd. III S. 335ff.: „Die Ursache kann weder gleichzeitig mit der Wirkung sein . . . noch ihr nachfolgen, das ist unsinnig." Ulrich Klug, Juristische Logik S. 19.

[6]) Wie Walter Rieger in Rechtsentziehung durch Tarifvertrag, Köln 1934, Heft 12 in Kölner rechtswissenschaftliche Abhandlungen, S. 29 behauptet.

[7]) R. Eisler, a. a. O. S. 815.

[8]) (Affolter, System S. 17 Anm. 5) Goeppert in Jh. Jb. Bd. 22 S. 111.

[9]) Forsthoff, Lehrbuch I S. 139: „Rückwirkung im strengen Sinne des Wortes gibt es nicht. Denn jede Norm kann nur zukünftiges Verhalten bestimmen"; v. Tuhr, Allgemeiner Teil Bd. I S. 15 Anm. 61: „Wirkung eines Gesetzes wie jeder Tatsache kann nur in der Zukunft liegen . . . Dafür ist Rückwirkung ein ungenauer, aber bequemer Ausdruck." Karl Engisch in: Der rechtsfreie Raum S. 38 meint: „Nur Gegenwart und Zukunft stehen dem Recht offen. Insofern gibt es keine Rückwirkung". Nagler in Leipziger Kommentar S. 103: „Der Rechtsbefehl kann immer nur auf die Gegenwart oder die Zukunft bezogen sein. Eine Rückbeziehung verstieße gegen die elementarsten Lebensformen und die einfachsten Denkgesetze."

[10]) Über die Gegensätze: kausal und final vgl. Rudolf Stammler, Rechtsphilosophie S. 57: „Es wird nämlich entweder das Gegenwärtige als notwendige Wirkung einer vorausgegangenen Ursache erkannt, oder es ist als Mittel für ein zukünftiges Ziel zu nehmen. Das erste ordnet Wahrnehmungen in kausaler (dynamischer) Weise, das andere bestimmt den Inhalt des Bewußtseins in finaler (teleologischer) Absicht. Ganz ablehnend gegenüber jeder teleologischen Betrachtung Oswald Spengler in Untergang des Abendlandes S. 159.

gelassen[11]). Gemeint ist das Gesetz des Landes NRW über das gerichtliche Verfahren in Bodenreformsachen vom 12. 1. 54. Der BGH verwarf die daraufhin eingelegte Rechtsbeschwerde als unzulässig, weil das Verfahren zur Zeit des Inkrafttretens des betreffenden Gesetzes nicht mehr anhängig gewesen sei. Es sei vielmehr mit der Verkündung des Beschlusses abgeschlossen gewesen.

Das Beispiel zeigt die Verwirrung, die auf diesem Gebiete herrscht.

Voraussetzung jeden Zweckhandelns ist, daß das Ziel, der finale Ansatzpunkt, bekannt ist oder doch dem Handelnden vor Augen steht. „Rückwirkende" Gesetze werden jedoch in der Regel — wie alle anderen Gesetze — erst mit der Verkündung bekannt. Die Möglichkeit finaler Tätigkeit im Hinblick auf ein erst säpter erlassenes Gesetz entspringt also einer Ausnahmesituation. Diese entsteht nicht einmal typischerweise bei „rückwirkenden" Gesetzen.

Aber selbst wenn das zukünftig zu erlassende „rückwirkende" Gesetz schon in seinem Rückwirkungszeitraum bekannt ist — auf die Erfüllung des Sollens kann vor Erlaß des Gesetzes nicht final hingearbeitet werden; denn wer sich so verhält, wie wenn das Gesetz bereits erlassen wäre, erfüllt den gesetzlichen Tatbestand gleichwohl nicht, und es befolgt derjenige keinen gesetzlichen Befehl, der wie der oben erwähnte Grundstückskäufer sein Handeln dem späteren Gesetz anzupassen sucht.

Es gibt also keine „Rückwirkung" in dem Sinne, daß ein Gesetz vor seinem Erlaß befolgt würde.

b) „Rückwirkende" Änderung vergangener Rechtsverhältnisse. § 8

Wenn ein Gesetz an Tatsachen Rechtsfolgen knüpft, so heißt es auch im juristischen Sprachgebrauch häufig: ein Gesetz „ergreift", „erfaßt" oder „regelt" Tatsachen. Daraus könnte man herleiten, ein „rückwirkendes" Gesetz ergreife rückwärtshin den vergangenen Sachverhalt und verleihe ihm Rechtserheblichkeit.

Indessen bei der „Anknüpfung eines rückwirkenden Gesetzes an einen früheren Sachverhalt wird die damalige Tatsache nur als Voraussetzung rechtlich normierten Verhaltens aufgestellt. Dadurch wird sie bestimmend für Entstehen, Bestehen und Veränderung von Rechtsverhältnissen."[1]) Dem Sachverhalt wird also nicht rückwärtshin Rechtserheblichkeit verliehen.

Es ist die Ansicht vertreten worden, wenn ein Gesetz vergangene Rechte oder Rechtsverhältnisse neu regele, würden die Rechtsverhält-

---

[11]) OLG Köln in NJW 55 S. 503 als Vorentscheidung zum Urteil des Bundesgerichtshofes vom 18. 1. 1955. Scheyhing in JZ 1957 S. 741ff. schlug vor, das Gleichberechtigungsgesetz, das damals noch nicht in Kraft getreten war, schon anzuwenden, „soweit es den Gleichberechtigungsgrundsatz verwirklicht", aber nicht neues Recht schafft. Dagegen zutreffend Donau, Rückwirkende Kraft des Gleichberechtigungsgesetzes? in NJW 1958 S. 250.

[1]) Nawiasky, Rechtslehre Bd. I S. 206; ähnlich W. Jellinek, Gesetz, Gesetzesanwendung S. 26; Kelsen, Hauptprobleme S. 550, 561.

nisse bzw. Rechtspositionen schon für die Vergangenheit geändert[2]); „Wirkung" eines Gesetzes bedeute nichts anderes als Änderung der Rechtsverhältnisse[3]).

Aber diese Ansicht geht von überholten Vorstellungen vom Begriff des Rechts aus. Alles Recht ist Sollen. Mit dem Nachweis, daß jedes rechtliche Sollen sich stets in die Zukunft richtet und nie zeitlich vor der „Sollquelle" gilt, ist zugleich der Beweis erbracht, daß Rechtspositionen nur für die Zukunft abgeändert werden können; sind sie doch nach richtiger Auffassung nichts anderes als besondere Formen rechtlichen Sollens, Kombinationen aus Gewährungen und Imperativen.

§ 9 *V. Vergangene Tatsachen als Rechtsfolgevoraussetzung.*

Rechtssätze bestehen aus Tatbestand und Rechtsfolge[1]). Bisher (oben I. bis IV.) wurde im wesentlichen die Rechtsfolgeseite betrachtet und festgestellt, daß die „rückwirkenden Gesetze"

1. ein Sollen wie alle anderen Rechtssätze statuieren;
2. sich — wie alle anderen Rechtssätze — ausschließlich an den gegenwärtigen oder zukünftigen Willen der Normadressaten wenden und daß ein Befolgen vor dem Verkündungszeitpunkt nicht in Betracht kommt;
3. den Tatsachen, an die sie die Rechtsfolge knüpfen, keine Rechtserheblichkeit in der Vergangenheit verleihen und auch keine Änderung von Rechtsverhältnissen in der Vergangenheit bewirken.

Insofern bestehen keine Unterschiede zu den anderen Gesetzen.

Nunmehr ist die tatbestandliche Seite der „rückwirkenden Gesetze" zu untersuchen.

„Rückwirkende" Gesetze sind solche, die etwas mit der Vergangenheit zu tun haben. Da die Rechtsfolgen (das Sollen) nicht in die Vergangenheit, also die Zeit vor Gesetzeserlaß, zurückschlagen, muß es der Tatbestand sein, durch den diese Gesetze in Beziehung zur Vergangenheit treten. Der Tatbestand dient dazu, die Tatsachen oder Rechte zu bezeichnen, an die die Rechtsfolgen geknüpft werden. Eine Beziehung zur Vergangenheit kann mithin nur dadurch hergestellt werden, daß die Rechtsfolgen auslösenden Tatsachen bzw. Rechte der Vergangenheit angehören oder in enger Beziehung zu ihr stehen.

Wird ein Gesetz „rückwirkend in Kraft gesetzt", so bedeutet dies, daß hinsichtlich der im „Rückwirkungszeitraum" liegenden, also vergangenen Fälle Rechtsfolgen statuiert werden. Wird zur Bemessungsgrundlage für eine Verpflichtung der Zustand gewählt, der an einem zurückliegenden Stichtag bestand, so werden ebenfalls Rechtsfolgen an vergangene Tatsachen oder Rechtslagen geknüpft.

---

[2]) Goeppert in Jhr. Jb. Bd. 22 S. 111 und 114 faßt die Änderung der Rechtsverhältnisse in der Vergangenheit als die „Rückwirkung" schlechthin auf; auch Zitelmann in Irrtum und Rechtsgeschäft S. 208 sieht in der Änderung der Rechtsverhältnisse die Wirkung der Gesetze.

[3]) Der Gesetzgeber gebraucht das Wort „Wirkung" in der Tat manchmal in dieser Bedeutung: Patentges. § 6; Warenzeichengesetz § 15.

[1]) A. A. Burckhardt, Methoden und System des Rechts, Zürich 1936 S. 226.

Als Eigenart der „rückwirkenden“ Gesetze erscheint also, daß sie an vergangene Sachverhalte Folgen knüpfen.

Diese Eigenart ist leicht faßbar, wenn lediglich Vergangenes die Rechtsfolgen auslöst, wenn also die gesamten Tatbestandsvoraussetzungen in der Vergangenheit erfüllt wurden. Z. B.: Früheren Darlehensverträgen über Baukostenzuschüsse wird nachträglich die Rechtswirksamkeit entzogen. Steuern werden für vergangene Jahre neu erhoben oder alte erhöht. Eine neue Staatsangehörigkeit wird denen verliehen, die an einem vergangenen Stichtag in einem bestimmten Gebiete wohnten, oder eine früher erworbene Staatsangehörigkeit wird ihnen ab einem vergangenen Stichtag entzogen.

Es kann aber auch so liegen, daß einige der Tatbestandsmerkmale in der Vergangenheit verwirklicht wurden, die volle Tatbestandsverwirklichung aber noch aussteht. Das ist der Fall, wenn die Rechtsfolgen einmal Vergangenes, zum anderen Zukünftiges zur Tatbestandsvoraussetzung haben: So, wenn bestehende (also in der Vergangenheit begründete) Rechtsverhältnisse hinsichtlich künftig erwarteter Ereignisse modifiziert oder in der Vergangenheit begründete Rechte oder Rechtslagen oder tatsächliche Dauerzustände für den Fall zukünftigen Fortbestehens neu geregelt werden.

Es wird beispielsweise für bestehende Mietverhältnisse Mieterschutz für den Fall zukünftiger Kündigung oder späterer Beendigung kraft Zeitablaufs bestimmt; die künftig fällig werdenden Prämien bestehender Versicherungsverträge werden erhöht.[2]) Es wird — auch für die bestehenden, also früher erworbenen — Eigentumsrechte der Satz aufgestellt: „Eigentum verpflichtet“; die Unterbringung von Kleinkindern in Räumen mit bleiweißhaltigen Tür- oder Fensteranstrichen wird verboten.[3])

Beide Gruppen — volle Tatbestandsverwirklichung in der Vergangenheit; teilweise Tatbestandsverwirklichung in der Vergangenheit — können einander ähneln. Man denke an den Fall, daß durch ein Gesetz vom 20. eines Monats die Althausmieten um 10% erhöht werden, die am 30. dieses Monats fällig werden. Die Lage ist offenbar derjenigen nahe verwandt, in welcher die bereits fälligen bzw. gezahlten Mieten rückwärtshin erhöht werden.

VI. Fiktionen bei „rückwirkenden“ Gesetzen. § 10

Das Gesetz kann an vergangene Sachverhalte auf zwei Arten Rechtsfolgen knüpfen[1]):

1. durch Rechtsfolgenverweisung auf die Regelung zukünftiger Fälle; die Rechtsfolgenverweisung wird häufig gesetzestechnisch mit

[2]) In diesen beiden Beispielen regelt das Gesetz ausschließlich Fälle, die in der Vergangenheit begründet wurden („schwebende“ Fälle); im ersten Fall unausweichlich für die Betroffenen, im zweiten ausweichbar (Auflösung der Versicherung);

[3]) In diesen beiden weiteren Beispielen regeln Gesetze die schwebenden und zugleich die zukünftigen Fälle; im dritten Fall Rechte, im vierten Fall Dauerzustände.

[1]) Diese Unterscheidung traf der Verfasser bereits in DVBl. 1956 S. 395ff.

Hilfe der sogenannten Rückwirkungsklausel durchgeführt: „Das Gesetz tritt rückwirkend ... in Kraft ..."
— „Klauselgesetze"[2]) —,
Klauselgesetze dienen dazu, einheitlich zukünftige und vergangene Fälle zu regeln;

2. mittels einer Ausrichtung des Tatbestands gerade auf die vergangenen Sachverhalte — etwa durch Aufnahme eines vergangenen Stichtages in den Tatbestand (wer am 21.6.1948 Vermögen hatte...) oder sonst durch tatbestandsmäßiges Anknüpfen lediglich an vergangene Geschehnisse
— „Stichtaggesetze" —,
Stichtaggesetze ermöglichen es, an vergangene Fälle Abwicklungs- oder Ausgleichsfolgen zu knüpfen.

a) Klauselgesetze.

Wenn ein Gesetz bestimmt, daß es rückwirkend ab dem Tage X in Kraft trete, so bedeutet dies, daß an die Sachverhalte im Rückwirkungszeitraum für die Zukunft die gleichen Rechtsfolgen geknüpft werden, wie sie für spätere gleichliegende Fälle bestimmt sind[3]). Eine gesetzgeberische Rechtsfolgenverweisung in verkürzter Ausdrucksform liegt vor, „eine summarische Verweisung auf eine getroffene Gesamtregelung"[4]). In der vom Gesetz angeordneten Gleichbehandlung liegt eine Fiktion: der vergangene Fall V wird so behandelt, als ob er ein zukünftiger Normalfall N wäre.

Statt zu sagen: An alle Personen, die gegenwärtig einen Hund halten, richte ich das Gebot, höhere Hundesteuer als bisher zu bezahlen, das gleiche Gebot richte ich an alle diejenigen Personen, die 1949 einen Hund gehalten haben; sie sollen die Differenz zwischen der damals üblichen Hundesteuer und dem jetzt geltenden Satz nachzahlen, sagt der Gesetzgeber kurz: Hundehalter zahlen eine ... höhere ... Steuer; dies Gesetz tritt rückwirkend ab 1. 1. 1949 in Kraft[5]); oder das Gesetz will: wer in Hamburg zwischen dem 3. 5. 1945 und dem 1. 7. 1946 einen Baukostenzuschuß angenommen hat, hat dem Vertragspartner die gewährten Beträge zurückzuerstatten; das Gesetz sagt aber: Baukostenzuschüsse anzunehmen ist verboten, das Gesetz tritt rückwirkend am 3. 5. 1945 in Kraft[6]).

---

[2]) Stets ist bei Klauselgesetzen eine Regelung mittels Rückwirkungsklausel möglich.

[3]) OLG Bremen in NJW 1953 S. 1642 sagte in einem Fall, in dem eine Strafbestimmung rückwirkend aufgehoben worden war: „Es wird also so angesehen, als ob ein strafrechtlicher Tatbestand nicht verwirklicht worden wäre".

[4]) J. Esser, Rechtsfiktion S. 12.

[5]) Das Beispiel ist abstrahiert entnommen aus dem Hamburger Hundesteuergesetz vom 9. 11. 1950, Hamburger GVBl. vom 11. 11. 1950 Nr. 48.

[6]) Das Beispiel ist abstrahiert entnommen aus dem Hamburger Baukostenzuschußgesetz vom 1. 7. 1946 GVBl. 1946 S. 119 Nr. 45.

Da die Fiktion, der Fall V sei gleich dem Normalfall N, ein Mittel der Gesetzestechnik ist, nenne ich sie kurz „technische Fiktion“.

Klauselgesetze stellen technisch den vergangenen Sachverhalt V gleich mit dem in der Zukunft erwarteten Normalsachverhalt N. Nun liegt N im tatsächlichen Geltungszeitraum des Gesetzes; V dagegen nicht. Die fingierte Gleichstellung beider würde eine Lücke aufweisen, wenn V nicht im selben Geltungszeitraum wie N gedacht würde. Durch die Gleichstellung von V mit N ist deshalb zugleich unterstellt, auch V läge im Geltungszeitraum des Gesetzes. Die rein gesetzestechnisch erfolgende fiktive Gleichstellung der vergangenen und der zukünftigen Fälle bedingt also eine weitere Fiktion: Es wird so angesehen, als ob der im „Rückwirkungszeitraum“ vorgefallene Sachverhalt sich unter der Geltung des Gesetzes vollzogen habe.

Ich möchte diese Fiktion im Anschluß an Esser[7]) „historische Fiktion“ nennen.

Ob man sich dabei vorstellt, das Gesetz habe früher gegolten oder der Sachverhalt sei nach Gesetzeserlaß eingetreten, ist bei den Klauselgesetzen ohne Belang.

Diese historische Fiktion hat auch ihre Berechtigung. Sie erleichtert in vielen Fällen die Anwendbarkeit des „rückwirkenden“ Gesetzes.

Als Beispiel sei genannt die „rückwirkende“ Anordnung, Hundesteuer zu zahlen: Ein Hundehalter und sein Hund seien im Rückwirkungszeitraum verstorben. Die historische Fiktion macht leicht zu erkennen, daß die Erben die Steuer schulden; zwar waren sie weder damals noch sind sie jetzt Hundehalter; aber die Steuerschuld gilt als zu Lebzeiten des Hundehalters entstanden; folglich trifft sie die Erben.

b) Stichtaggesetze.

Stichtaggesetze knüpfen nur an vergangene Fälle an. Eine Unterstellung der vergangenen Fälle unter die Rechtsfolgen zukünftig sich ereignender Fälle und damit eine fingierte Gleichstellung kommen nicht in Betracht. Eine technische Fiktion gibt es bei Stichtaggesetzen also nicht.

Die historische Fiktion folgt bei Klauselgesetzen aus der technischen Fiktion; bei Stichtaggesetzen wird man zur historischen Fiktion allenfalls aus besonderen Gründen greifen. Es sind Fälle denkbar, in denen nach unserer ganzen Rechtsordnung eine Rechtsfolge (z. B. eine Sanktion) nur an solche Sachverhalte geknüpft werden kann, die sich unter der Geltung des betreffenden Gesetzes abgespielt haben (vgl. unten § 32).

Im Einzelfall kann also in ein Stichtaggesetz die historische Fiktion hineininterpretiert werden müssen. Sie ist aber kein zwingendes Merkmal,

---

[7]) J. Esser, Wert und Bedeutung der Rechtsfiktion S. 81 nennt derartige Fiktionen im Anschluß an Ihering, Der Geist des Römischen Rechts Bd. II S. 289, „historische Fiktion“. Allerdings behandelt Esser nur die Fiktionen im Zivilrecht (§§ 184, 1978 BGB; §§ 56, 377 HGB u. a.). Doch kann der Ausdruck wohl allgemein übernommen werden.

sondern ein besonderes Zusatzmerkmal dieser Gesetze. Der BFH hat sich in mehreren Entscheidungen mit der Frage befaßt, ob die Leistungen nach dem Soforthilfegesetz im Zeitpunkt des Währungsstichtages entstanden seien oder ob sie als damals entstanden gelten[8]). Der BFH bejahte letzteres. Wäre die historische Fiktion jedem „rückwirkenden" Gesetz eigen, hätte jede weitere Begründung sich erübrigt.

Ein Stichtaggesetz ohne historische Fiktion ist in einem Aufsatz in „Die Selbstverwaltung"[9]) behandelt: Die Hessische Regierung brachte 1953 einen Gesetzentwurf ein, daß die Wiederwahl eines Landrats, die nach dem 5. 5. 1952 früher als ein Jahr vor Ablauf der Amtszeit durchgeführt wurde, als nicht vorgenommen gelten sollte. Hier sollte dem Gesetz keine zeitliche Geltung rückwärtshin — fiktiv — gegeben werden. Es wird einfach an den damaligen Fall[10]) eine Rechtsfolge geknüpft. Die Fiktion, die dem Gesetzentwurf zugrunde liegt, betrifft nicht die zeitliche Geltung des Gesetzes.

Auch der dem Altsparergesetz zugrunde liegende Gedanke enthält keine Fiktion: Wessen Konto 1948 schon 20 Jahre lang in gewisser RM-Höhe bestand, erhält jetzt eine Aufwertung. Es wird nicht fingiert, das Gesetz habe schon damals gegolten oder das Konto bestehe zur Zeit der Aufwertung in bestimmter RM-Höhe.

§ 11 *VII. Die Merkmale „generell" und „abstrakt".*

a) Fragestellung.

Was in der Vergangenheit liegt, steht fest; das Zukünftige ist ungewiß. Knüpft ein Gesetz Rechtsfolgen an Tatsachen oder Rechtslagen, die in der Vergangenheit eingetreten sind, so steht schon mit Gesetzeserlaß fest, in welchen Fällen die Rechtsfolgen ausgelöst werden.

Ein Gesetz richtet sich an alle, bei denen der gesetzliche Tatbestand eintritt. Sind diese Fälle schon mit Gesetzeserlaß fixiert, so steht zugleich der Adressatenkreis von vornherein fest.

Wenn die durch Gesetz geregelten Fälle und ihre Adressatenkreis von vornherein feststehen, so ist es zweifelhaft, ob ein solches Gesetz „abstrakt" und „generell" ist.

Ich beziehe im Folgenden das Begriffspaar „abstrakt — konkret" auf die zu regelnden Fälle und das Begriffspaar „generell — speziell (= individuell)" auf den Kreis der Adressaten. Das ergibt sich zwar nicht zwingend aus dem, was man unter abstrakt — konkret und generell — spe-

---

[8]) BFH in BStBl. 1951 III S. 5ff. = BFHE 55 S. 11 = StW 1951 II Sp. 26 Nr. 16 und in BStBl. 1951 II S. 105f. = BFHE 55 S. 271 = StW 1951 II Sp. 219 Nr. 104; StW 1953 II Nr. 91 (vgl. oben § 3 Fußn. 18). Das Soforthilfegesetz ist am Tage seiner Verkündung in Kraft getreten (§ 84 SHG). Der BFH mißt dem Gesetz „rückwirkende Bedeutung" bei.

[9]) Die Selbstverwaltung 1953 S. 125 Nr. 89.

[10]) Es war nur eine einzige Landratswahl, auf die das Gesetz paßte. Der betreffende Landrat war angeblich bei der Regierung nicht beliebt.

ziell im allgemeinen Sprachgebrauch versteht[1]), und die Terminologie ist durchaus uneinheitlich[2]); die Unterscheidung hat aber den Vorteil begrifflicher Klarheit.

b) Abstraktheit „rückwirkender Gesetze".

Abstrakt kann formal und sachlich aufgefaßt werden. Abstrakt bedeutet im formalen Sinne — so soll angenommen werden[3]) —, daß die zu regelnden Fälle gattungsmäßig genannt sind.

Die an Vergangenes anknüpfenden Gesetze sind in aller Regel in diesem Sinne formal abstrakt. Entweder — nämlich bei Klauselgesetzen — sieht ihr Tatbestandsteil in seiner Durchformung ganz so aus wie bei jeder anderen abstrakten Anordnung auch: nur mit dem Unterschied, daß diese Gesetze am Schluß des Gesamtgesetzes mit einer Rückwirkungsklausel versehen sind; oder — bei den Stichtaggesetzen — ihr Tatbestand weist als zusätzliches Tatbestandsmerkmal einen bestimmten Stichtag oder Zeitraum auf[4]).

Ohne weiteres sind diejenigen Sollsätze formal abstrakt, die schwebende Fälle betreffen, bei denen also einige Tatbestandsmerkmale noch nicht verwirklicht sind.

Sachlich abstrakt bedeutet — so soll angenommen werden —, daß das Gesetz unbestimmt viele Fälle erfaßt.[5]) Hildegard Krüger hält alle „rückwirkenden Gesetze" für — zumindest verborgen — konkret.[6])

Ich will zunächst die Gesetze, die schwebende Fälle regeln, ausklammern und nur die Gesetze behandeln, deren Tatbestand in der Vergangenheit voll verwirklicht ist. Es muß wieder die Unterscheidung zwischen Stichtag- und Klauselgesetzen aufgegriffen werden.

---

[1]) Ein Sollsatz kann sowohl die zu regelnden Fälle als auch den Adressatenkreis „abstrakt" festlegen, wenn man darunter nur versteht: Bestimmung nach Gattungsmerkmalen. Der Gegensatz zu einer solchen „abstrakten" Bestimmung wäre die „konkrete" Nennung der Fälle oder Adressaten beim Namen.

[2]) So hält z. B. Forsthoff, Lehrbuch § 7 2., Rechtsverordnungen für Anordnungen, die sich an die „Allgemeinheit wenden — nämlich keinen konkret, namentlich bezeichneten Adressaten haben — und generelle Regeln aufstellen, die nicht für einen konkreten einzelnen Fall geschaffen sind".

[3]) Ob eine Begriffsbestimmung richtig ist, läßt sich nur feststellen, wenn mit dem Begriff auf ein bestimmtes Ziel hingearbeitet wird. Deshalb darf hier offenbleiben, ob die zugrunde gelegte Begriffsbestimmung richtig ist etwa im Rahmen des Begriffs der Gesetze im materiellen Sinne oder hinsichtlich der Auslegung des Art. 19 (1) 1 GG — Einzelfall —; vgl. unten § 28 und § 30.

[4]) Über die Gruppenbildung Klauselgesetze — Stichtaggesetze vgl. oben § 10 bei Anm. 2/3.

[5]) H. Krüger in DVBl. 1955 S. 761f. nennt Anordnungen, die formal abstrakt sind, aber nicht unbestimmt viele Fälle, sondern bestimmbar viele Einzelfälle regeln, „verborgen" oder „versteckt" konkret im Gegensatz zu offen konkreten (nämlich auch formal konkreten) Anordnungen.

[6]) H. Krüger, a. a. O.; siehe dazu auch meinen Aufsatz in DVBl. 1956 S. 395 396).

Die Frage ist zunächst für Stichtaggesetze von besonderer Bedeutung. Denn alle von ihnen geregelten Fälle sind bei Gesetzeserlaß fixiert. Die Regelung ergreift die fixierten Fälle ohne weiteres. Das „wenn — so" der Tatbestand-Rechtsfolge-Verknüpfung trifft sachlich nicht zu. Denn die Rechtsfolge tritt in allen Fällen ein, in denen der tatbestandliche Sachverhalt vorliegt, nicht wenn der Tatbestand verwirklicht wird. Der Gesetzgeber hätte theoretisch statt der abstrakten Formulierung die erfaßten Fälle auch einzeln aufzählen können, die der neuen Regelung unterliegen. Solche Anordnungen ergreifen also ganz bestimmte (wenn auch vielleicht sehr „viele") feststehende Einzelfälle.

Stichtaggesetze sind also in dieser sachlichen Bedeutung in der Tat nicht abstrakt.

Ob sie deshalb keine Gesetze im materiellen Sinn[7]) sind, ist eine andere, hier nicht abschließend zu erörternde Frage; denn für die vorliegende Untersuchung kommt es darauf nicht an[8]).

Was die Klauselgesetze anlangt, so liegt es anders: Allerdings stehen die im „Rückwirkungszeitraum" vorgefallenen Sachverhalte fest und sind damit „bestimmte" Fälle. Aber der Tatbestand der Klauselgesetze ist auf die zukünftige Vielzahl von Fällen abgestellt; das Gesetz richtet eine Ordnung für alle vorkommenden Fälle auf. Es erfaßt daneben auch bestimmte Fälle. Nun kann es aber keinen Unterschied machen, ob ein Sollsatz nur unbestimmte Fälle oder unbestimmte und bestimmte Fälle betrifft; es betrifft beide Male unbestimmt viele Fälle und ist seinem Charakter nach sachlich abstrakt.

Das bestreitet Hildegard Krüger[9]) mit der Begründung, in Wahrheit handele es sich hier um zwei Sollsätze: einen für die zukünftigen Fälle, einen anderen, verborgen konkreten (Rückwirkungsklausel) für die vergangenen Sachverhalte.

Auch nach erneuter Überprüfung halte ich meinen früher vertretenen Standpunkt[10]) für richtig[11]). Die Rechtsfolgen und sachlichen Tatbe-

---

[7]) Wenn man darunter nur abstrakte, generelle Anordnungen versteht, so H. J. Wolff, Verwaltungsrecht § 24 I; Carl Schmitt, Verfassungslehre S. 127, 139, 151; Legalität, Legitimität S. 25, 72, 73; Anschütz-Thoma, Handbuch des Staatsrechts Bd. II S. 160 (bearbeitet von W. Jellinek). — Kritisch dazu Heller in VVdStRL, Heft 4, 1928, S. 98ff. (99, 134) u. a.

[8]) Würde man aber dem Merkmal „abstrakt" im Rahmen des Begriffs der Gesetze im materiellen Sinne die Bedeutung zumessen, die ihm Hildegard Krüger gibt, so wäre die Folge, daß das Lastenausgleichsgesetz als „Stichtaggesetz" kein Gesetz im materiellen Sinne wäre. Ich halte das für ein abwegiges Ergebnis.

[9]) DVBl. 1956 S. 399.

[10]) DVBl. 1956 S. 397.

[11]) Das BVerfG entschied (BVerfGE 7 S. 129ff. = NJW 1957 S. 1757 = ZBR 1957 S. 359 m. Anm. v. Giese S. 399), daß die lex Schörner, ein Klauselgesetz, ein allgemein geltendes Gesetz i. S. Art. 19 I 1 GG sei, und bestätigt meine Auffassung im Ergebnis; aber die Gründe tragen die Entscheidung nicht (es lag nach Ansicht des BVerfG kein Eingriff in Grundrechte vor, so daß Ausführungen zu Art. 19 I 1 sich erübrigten) und überzeugen nicht.

standsmerkmale für die zukünftigen wie für die feststehenden Fälle sind dieselben[12]). Formalstruktur und Sinngehalt der Anordnung, ihre ganze Ausrichtung auf eine Vielzahl zu regelnder Fälle bleiben abstrakt. Die Anordnung ist also nicht nur formal auf die Regelung unbestimmt vieler Fälle zugeschnitten. Eine Aufspaltung der Klauselgesetze in einen zukunfts- und einen vergangenheitsregelnden Teil[13]) würde dem Gesetz als zeitlicher Gesamtregelung Gewalt antun.

Klauselgesetze sind also in toto abstrakt.

Bei Gesetzen, die schwebende Fälle regeln, liegt es so: Die Abstraktheit — in materiellem Sinne — kann auch bei ihnen zweifelhaft sein. Angenommen, ein Gesetz regelt ausschließlich schwebende Fälle; es trifft also keine entsprechende Regelung für die zukünftig entstehenden Rechtsverhältnisse, Rechte oder Zustände der geregelten Art[14]). Wenn die Verwirklichung des bei Gesetzeserlaß noch ausstehenden Tatbestandsmerkmals gewiß ist, dann werden objektiv feststehende Fälle von bestimmter Zahl ergriffen. Die volle Verwirklichung des Tatbestandes ist gewiß, wenn das bei Gesetzeserlaß noch ausstehende Tatbestandsstück eintreten muß (z. B. Eintritt eines Termins) oder wenn praktisch die Gewißheit seines Eintritts besteht (z. B. infolge rechtlichen Zwanges).

Ebenso wie die Stichtaggesetze halte ich auch diese Anordnungen für konkret — im sachlichen Sinne —. Denn es werden nicht begrifflich unbestimmt viele Fälle erfaßt.

c) Generelle Geltung der „rückwirkenden" Gesetze.

Daß eine Anordnung generell gelte, besagt[15])

1. formal, daß die Normadressaten gattungsmäßig bestimmt sind,
2. in sachlicher Hinsicht ein Doppeltes:
   objektiv, daß die Anordnung sich begrifflich an eine unbestimmte Vielzahl von Personen richtet[16]),
   subjektiv, daß die Anordnung nicht auf eine Einzelperson oder eine bestimmte Gruppe von Personen gemünzt sein darf[17]).

---

[12]) Mit den Ausnahmen unten § 36 zu Fn. 7 und 8, § 49.

[13]) Rechtstheoretisch möglich! An meiner im DVBl. vertretenen Ansicht, die Rückwirkungsklausel sei kein selbständiger Rechtssatz, halte ich nicht fest.

[14]) Eine Gruppe, die bei der Regelung vergangener Fälle den Stichtaggesetzen entspricht. Als Beispiel sei das Erste Gesetz über Maßnahmen auf dem Gebiete des Mietpreisrechts v. 27. 7. 1955 (Erstes Bundesmietengesetz) genannt: Die Zahl der Althausmietverträge, die dem Gesetz unterfallen, stand bei Gesetzeserlaß unverrückbar fest.

[15]) Vgl. oben § 11 Anm. 3.

[16]) Vgl. die Beispiele bei Forsthoff § 7, 2. S. 110: „Alle Hauseigentümer . . ." und W. Jellinek, Gesetz, Gesetzesanwendung S. 149.

[17]) RGZ 128 S. 165ff. (167) mit der Einschränkung einige Sätze später, daß die generelle Anordnung sich als eine allgemeine Regelung für alle Streitfälle einer nach der Beschaffenheit der Sache oder der Stellung der Beteiligten bezeichneten Gattung, nicht als eine nur auf einen bestimmten Einzelfall oder auf mehrere bestimmte Einzelfälle abzielenden Eingriff darstelle. Dabei soll es nicht auf die Frage ankommen, wie viele Fälle zu berücksichtigen sind; andererseits schütze eine abstrakte Fassung nicht davor, die Anordnung als Einzelfallregelung zu erkennen.

Die Formalstruktur genereller Anordnungen (im Sinne zu 1.) weisen „rückwirkende" Gesetze in der Regel ebenso auf wie alle anderen Gesetze.

Ob „rückwirkende" Gesetze im Sinne zu 2. (erster Unterfall) generell sind, ist dagegen insoweit zweifelhaft, als sie sich an einen bei Gesetzeserlaß feststehenden Adressatenkreis wenden. Hier ist wiederum zwischen Klauselgesetzen sowie denjenigen Gesetzen, die schwebende, nebst zukünftigen Fällen regeln, einerseits und Stichtaggesetzen sowie den Gesetzen, die sich nur auf schwebende, gewiß eintretende Fälle beziehen, andererseits zu unterscheiden.

Das zum Merkmal „abstrakt" Ausgeführte gilt hier entsprechend. Demnach sind Klauselgesetze und die einheitlichen Regelungen schwebender und zukünftiger Fälle genereller Art. Die Stichtaggesetze und die Gesetze, die ausschließlich feststehende schwebende Fälle regeln, aber sind speziell in diesem Sinne.

Generell in der Bedeutung, daß die Anordnung nicht auf die Einzelperson gemünzt sein dürfe (oben zu 2., zweiter Unterfall), sind regelmäßig auch die „rückwirkenden" Gesetze. Ausnahmen dürften jedoch vorkommen, namentlich wenn die Adressaten des Gesetzes bekannt sind. Jedoch muß es als zulässig angesehen werden, bekannt gewordene Einzelfälle zum Anlaß zu nehmen, eine rückanknüpfende Gruppenregelung bezüglich persönlich unbekannter Adressaten vorzunehmen.

§ 12 *VIII. Das Moment der Dauer bei „rückwirkenden" Gesetzen.*

Zum Begriff des Gesetzes im materiellen Sinne soll nach einer alten, neuerdings wieder aufgegriffenen[1]) Meinung gehören, daß der Rechtssatz auf Dauer angelegt[2]) ist und elementar eine Ordnung aufrichtet.

Denjenigen Gesetzen, die lediglich feststehende Sachverhalte regeln (Stichtaggesetze und Gesetze, die ausschließlich schwebende Fälle betreffen), kann das Moment der Dauer niemals innewohnen. Denn die Laufzeit der von ihnen geregelten Fälle ist von vornherein begrenzt.

Auch eine grundlegende Ordnung wird durch sie nicht aufgerichtet, wenn Ordnung heißt, daß von jedem Mitglied einer Gemeinschaft allgemeine Regeln des Verhaltens eingehalten werden. Denn an alle wendet sich ein solches Gesetz gerade nicht.

Die Klauselgesetze dagegen können sowohl auf Dauer angelegt sein als auch grundlegend ordnen. Die zugleich erfolgende Regelung der Fälle des Rückwirkungszeitraumes steht dem nicht entgegen — zumal wenn man die Ansicht vertritt, neues Recht sei stets das Beste und müsse für alle noch zu entscheidenden Fälle gelten[3]).

---

[1]) Hans Huber in Giacometti-Festschrift S. 74/75.

[2]) Das Moment der Dauer fordert Forsthoff auch für Rechtsverordnungen, Lehrbuch § 7, 2.

[3]) So die „jüngere Regel", Auffassung des Rechtspositivismus, vgl. oben § 1 Anm. 3.

C. Ergebnis und Kritik an der herrschenden Lehre. § 13

Ich komme also zu folgenden Ergebnissen:

Die Eigenart „rückwirkender" Gesetze besteht ausschließlich darin, daß sie ein Sollen — das erst ab dem Zeitpunkt ihres Erlasses (frühestens der Publikation) gilt —, wegen Geschehenem oder wegen früherer Rechtslagen statuieren[4])

1. sei es, daß alle ihre gesetzlichen Tatbestandsmerkmale in der Vergangenheit verwirklicht sind;
   a) dann kann das Gesetz fingieren, daß sich der Sachverhalt während der Geltung des neuen Sollens ereignet habe (historische Fiktion);
   b) die historische Fiktion ist Folgeerscheinung der Anknüpfung eines Sollens an Vergangenes, sie ist aber nicht begriffswesentlich für die „Rückwirkung";
   c) die Folgeerscheinung zu b) tritt stets ein bei den Gesetzen, die in erster Linie zukünftige Fälle regeln, aber rückwirkend in Kraft treten (Klauselgesetzen); sie tritt nicht automatisch ein bei Gesetzen, die sich ausschließlich auf vergangene Sachverhalte beziehen (Stichtaggesetzen);
   d) Stichtaggesetze erfassen nicht begrifflich unbestimmt viele Sachverhalte, insofern sind sie konkrete Gesetze.
   e) Stichtaggesetze richten sich nicht an begrifflich unbestimmt viele Personen, insofern sind sie keine generellen, sondern spezielle Anordnungen;
   f) Stichtaggesetze sind nicht auf Dauer angelegt und richten keine Ordnung auf;
2. sei es, daß nur einige ihrer Tatbestandsmerkmale in der Vergangenheit verwirklicht sind, die anderen aber erst nach Gesetzeserlaß sich verwirklichen werden (Regelung schwebender Fälle);
   a) regeln solche Gesetze ausschließlich schwebende, nicht aber entsprechende zukünftige Fälle und ist die volle Verwirklichung des Tatbestandes (und Auslösung der Rechtsfolgen) in praktisch allen Fällen von vornherein gewiß, so sind sie in demselben Sinne wie Stichtaggesetze konkrete und spezielle Gesetze;
   b) den Gesetzen, die ausschließlich schwebende Fälle, nicht aber entsprechende zukünftige Fälle regeln, fehlt das Moment der Dauer.
3. Bei den Gesetzen zu 1. d)—f) und 2. a) und b) mag man von Maßnahmegesetzen sprechen.[5])

---

[4]) Ebenso schon Vervier, Rechtswechsel S. 40, wenn auch ohne nähere Begründung: „Allein entscheidend für die Frage der Rückwirkung ist die Entstehungszeit einer rechtsbegründenden Tatsache oder Handlung. Es fehlt daher jeder rechtfertigende Grund, hierfür Rechtssätze über den Erwerb und Verlust von Rechten oder über den Bestand von Rechten für maßgebend zu erklären, wie das Savigny tat." (System VIII § 383ff.)

[5]) Vgl. den Verfasser in DVBl. 1956 S. 399.

Wie wir gesehen haben, wird in der Vergangenheit nichts geregelt; denn die Aufstellung von Regeln bedeutet nur, daß ein Sollen für die Zukunft statuiert wird. „Echte Rückwirkung“ als „Regelung abgeschlossener Fälle“ bzw. „Regelung schwebender Fälle ex tunc“ zu umschreiben, ist daher zumindest verwirrend und verführt zu direkt falschen weiteren Formulierungen (vgl. oben § 3 Anm. 24), ja sogar zu Fehlentscheidungen (vgl. § 7 Anm. 11). Zudem ist von der herrschenden Lehre nicht getroffen, worauf es ankommt, nämlich, daß die Rechtsfolgen auslösenden Tatsachen in der Vergangenheit liegen. Dadurch werden Fälle von der Begriffsbestimmung der herrschenden Lehre für „echte“ oder „unechte Rückwirkung“ nicht klar erfaßt, die an einen vor Gesetzeserlaß liegenden Vermögenszustand anknüpfen (z. B. das LAG).

Weitere Folge der ungenauen Sacherklärung der herrschenden Lehre ist, daß die historische Fiktion als Begriffsmerkmal und nicht nur als Begleiterscheinung gewisser „rückwirkender“ Gesetze aufgefaßt wird.

Zweites Kapitel
Namensgebung.

§ 14 A. Rückanknüpfung.

Auch wenn es keine Rück-„wirkung“ gibt, soll nicht bestritten werden, daß kraft der häufig vorliegenden historischen Fiktion der Schein einer Rückbeziehung des Gesetzes bestehen kann. Es sieht also für den Staatsbürger so aus, als ob Vergangenes geregelt würde, wenn das Gesetz an einen vergangenen Sachverhalt anknüpft[1]). Der Schein hat auch etwas von der realen Wirklichkeit an sich. Aber es bleibt ein Schein, der in die Vergangenheit fällt. Dieser Schein darf über die schwerwiegende Unrichtigkeit des Ausdrucks „Rückwirkung“ und dessen Gefährlichkeit nicht hinwegtäuschen. Der Ausdruck „Rückwirkung“ darf daher nicht beibehalten werden.

Deshalb kann der herrschenden Ausdruckswahl[2]) weder hinsichtlich der echten noch hinsichtlich der unechten „Rückwirkung“ gefolgt werden. „Rück“-wirkung ist namentlich als Ausdruck für eine ex-nunc-Bedeutung, nämlich bei der „unechten Rückwirkung“ unzutreffend. Man könnte allenfalls daran denken, z. B. bei dem gesetzgeberischen

---

[1]) U. Meyer-Cording in JZ 1952 S. 161: „Ein rückwirkendes Gesetz wirft nur einen Schatten in die Vergangenheit“.

[2]) Vgl. die oben genannten Gesetze (§ 3 Anm. 9 und 10); dann die gesamte Rechtsprechung z. B. RGZ 11, 186; 42, 80ff.; 43, 25ff.; 100, 246; der BGH spricht in BGHZ 18 S. 81 = NJW 1955 S. 1553 (1555 linke Spalte), von „echter“ und „unechter“ Rückwirkung, setzt die beiden Wörter echt und unecht stets in Anführungsstriche. Im Schrifttum Staudinger-Gramm EGBGB, Einl. z. 5. Abschnitt, Anm. 18; Rosenberg, Zivilprozeßrecht, § 6 Anm. 1; Enneccerus-Nipperdey, Allgemeiner Teil 1 Hbd. § 61 I; Hueck, Arbeitsrecht II S. 198 N. 7; F. Klein, StW 1954 Sp. 1ff. und Monographie; Gerhardinger, Rückwirkung als rechtsphilosophisches Problem in Archiv für Rechts- und Sozialphilosophie Bd. 28 (1949/50) S. 510ff.; Vervier in Rechtswechsel; Tietz in NJW 1951 S. 468—470 u. a.

Eingriff ex nunc in ein Schuldverhältnis würde quasi auf den zurückliegenden Willensakt eingewirkt. Aber das stimmt bei den Rechtsverhältnissen nicht, die nicht durch Willensakt begründet wurden. Auch „wirkt" das Gesetz auf die Entstehungstatsachen nicht ein, wenn es ab jetzt etwas regelt.

Der Ausdruck „Rückwirkung" muß somit ersetzt werden.

In der Literatur wird vorgeschlagen, statt von „echter Rückwirkung" von Ausschließlichkeit eines neuen Gesetzes[3]), Rückziehung oder Rückanwendung[4]) zu reden.

Der Ausdruck Ausschließlichkeit eines Gesetzes paßt nicht für Fälle, in denen es nicht um den Zusammenstoß zweier Rechtsquellen geht, sondern in denen ein neues Gesetz vergangene Sachverhalte von der Nichtrechtssphähre in den rechtserheblichen Raum erhebt.

Rückziehung weist auf die historische Fiktion hin, die aber bei Stichtaggesetzen nicht immer gegeben ist. Rückanwendung ist irreführend. Vor ihrem Erlaß (Verkündung) werden die „rückwirkenden" Gesetze gerade nicht angewendet[5]).

Ich schlage für solche Gesetze den Ausdruck „rückanknüpfende Gesetze" vor. Mit dem Ausdruck Rückanknüpfung[6]) ist angedeutet, daß der Tatbestand in der Vergangenheit voll verwirklicht ist; denn liegen die rechtsbegründenden Tatsachen nur teilweise in der Vergangenheit, jedoch teilweise in der Gegenwart oder Zukunft, so liegt eine „Rück"-anknüpfung an vergangene Tatsachen schon wörtlich nicht vor. Eine Verwechslung mit der sogenannten unechten Rückwirkung ist also nicht möglich. Durch die Auswechselung des Wortteils „Wirkung" in dem Ausdruck Rückwirkung kommt zweierlei zum Ausdruck: Eine zeitliche Umkehrung von Ursache und Folge wird nicht vorgetäuscht. Es sieht nicht so aus, als ob sich rechtlich in der Vergangenheit etwas ändere.

Rückanknüpfende Gesetze zerfallen in Stichtag- und Klauselgesetze.

---

[3]) So Affolter durchweg in seinem System.

[4]) Georgii in AZP Bd. 3 (1820) S. 145/194.

[5]) BGHZ 16, 159 = NJW 1955 S. 503. Auch deutet „Rückanwendung auf die Beantwortung einer Frage hin, die nicht beantwortet wird: Welches Recht hat der Richter der Berufungs- oder Revisionsinstanz anzuwenden? Behandelt z. B. in Preuß. OVG Bd. 100 S. 323; Wieczorek, ZPO Bd. III (Berlin 1957) zu § 550 D I und II; und von Vervier, Rechtswechsel S. 84; oder welches Recht wendet der Verwaltungsrichter an, das zur Zeit des Erlasses der polizeilichen Verfügung oder das zur Zeit des Erlasses der Beschwerdeentscheidung oder der gerichtlichen Entscheidung geltende Recht? Vgl. dazu BVerwGE 1 S. 55f. = NJW 1955, 1291; BVerwGE 2 S. 259; 5 S. 351 = NJW 1958 S. 804; Bachof, Zur maßgeblichen Rechts- und Sachlage bei Anfechtungs- und Vornahmeklagen in JZ 1958 S. 301ff.

[6]) Vgl. Wolff, Verwaltungsrecht § 27 I c 1 (S. 108); ähnlich Meyer-Cording in JZ 1952 S. 167; Rückwirkung liege vor, wenn der Gesetzgeber „bewußt durch sein Gebot Wirkungen an zurückliegende Tatbestände knüpft". Dabei sind offenbar mit dem Ausdruck Wirkungen Rechtsfolgen und mit Tatbestand das gemeint, was hier als Sachverhalt bezeichnet wird. Vgl. BVerwGE 5 S. 99ff. (101): „An vorher bestehende Rechtslagen anknüpfen . . ." Dagegen umschreibt BGHZ 9 S. 101ff. das Rückanknüpfen des LAG als „sofortige Geltung" für früher begründete Rechtsverhältnisse.

§ 15 **B. Sofortige Einwirkung.**

Goeppert[1]) schlug als Namen für „unechte Rückwirkung" vor: Aufhebung eines Fortwirkens. Zitelmann[2]) umschreibt das Phänomen als „gegenwärtige Veränderung einer faktischen Rechtslage". Beide Bezeichnungen halte ich für sinngemäß richtig; sie eignen sich jedoch nicht als Kurzausdruck. — Man könnte fernerhin an den Ausdruck „sofort geltende" Gesetze denken; aber auch ein Gesetz, das nur zukünftig entstehende Sachverhalte erfassen will, gilt für diese Fälle sofort.

Der Umschreibung der Sacherklärung entspricht am besten „sofortiger Einfluß" oder „sofortige Einwirkung" des neuen Gesetzes. Der letztere Ausdruck ist dem Gesetzgeber bereits geläufig, um das behandelte Phänomen zu erklären[3]). Er hat deshalb am ehesten die Möglichkeit, sich durchzusetzen.

In diesem Ausdruck ist zwar der Begriff „Wirkung" eines Gesetzes wieder verwendet, ohne daß als Wirkung, wie es richtig wäre, die Motivation des Adressaten verstanden würde. Jedoch findet der Ausdruck nicht wie in „Rückwirkung" entgegen dem kausalen Gehalt, der in dem Begriff Wirkung steckt, Verwendung. Daher meine ich, daß er in der Wortverbindung „Einwirkung" nicht zu Mißverständnissen führen wird.

Die Bezeichnung bringt auch gut zum Ausdruck, daß in sich bildende Vorgänge eingegriffen wird, indem neben Zukünftigem auch Vergangenes zur Rechtsfolgevoraussetzung gemacht wird. Ich schlage daher vor, bei dieser Art von Gesetzen von sofort einwirkenden Gesetzen zu sprechen.

Ergebnis:

Es sind zu unterscheiden

1. rückanknüpfende Gesetze, diese untergliedern sich in
   Stichtaggesetze und
   Klauselgesetze,
2. sofort einwirkende Gesetze.

Zweiter Abschnitt
Die verbietende Regel.
Erstes Kapitel:
Stand der Diskussion.

A. Einiges über die Geschichte des Problems.

§ 16 *I. Cicero.*

Solange es Gesetze gibt, ist der Streit um die deutende und die verbietende Regel nicht erloschen. Von einer Darstellung der Geschichte des intertemporalen Rechts wird hier jedoch bewußt abgesehen.

---

[1]) Goeppert in Ihr. Jb. Bd. 22 S. 104.

[2]) Zitelmann, Internationales Privatrecht I S. 152.

[3]) Vgl. die VO über die Einwirkung von Kriegssachschäden an Gebäuden auf Miet -und Pachtverhältnisse v. 28. 9. 1943 (RGBl. I S. 546) und das entspr. Bundesges. v. 4. 9. 1950 (BGBl. I S. 447).

Dabei wird nicht verkannt, daß die geschichtliche Schau für die Untersuchung der sogenannten Rückwirkung sehr wohl von Bedeutung sein kann: einmal, was die Bildung etwaiger ungeschriebener Rechtssätze im Hinblick auf ein Rückanknüpfungsverbot anlangt; zum anderen, weil der in diesem Zusammenhang oft herangezogene Artikel 2 des Grundgesetzes ebenso wie Art. 20 GG gemäß abendländischer Tradition ausgelegt werden muß, was geschichtliche Kenntnisse erheischt[1]). Eine Wiedergabe der historischen Entwicklung unseres Problems könnte aber immer nur ein lückenhafter Auszug aus dem trefflichen Werk Affolters[2]) sein, dessen Gründlichkeit ich nicht überbieten kann. Ich werde aber an den in Frage kommenden Stellen auch auf das heute noch interessante alte und älteste Schrifttum verweisen.

Neben den unten zusammengefaßten wichtigsten gesetzlichen Bestimmungen der jüngsten Vergangenheit über die Rückanknüpfung und die sofortige Einwirkung, soll lediglich ein geschichtlicher Autor hier nicht unerwähnt bleiben: Cicero.

Alle Argumente, die heute gegen die Rückanknüpfung vorgebracht werden, hat Cicero bereits in seiner Schrift „In Verrem"[3]) behandelt. Verres hatte als Prätor seiner „lex annua" auf schon errichtete Testamente „Rückwirkung" beigelegt, um einem Bekannten eine bereits anderen Personen angefallene hohe Erbschaft zukommen zu lassen; mit dem Bekannten wollte er dann halbpart machen: ein ziemlich krasser Fall also.

Nachdem Cicero (cap. 42, p. 109) dargetan hat, daß seit altersher „ius civile" nicht nachträglich auf etwas, „quae ante acta sunt", angewendet worden sei, führt er folgende fünf Gründe gegen die Rückanknüpfung ins Feld:

1. Die Ermächtigung für die Rechtssetzung für die früheren Jahre fehle einem Prätor (cap. 42, p. 109 a. E.). Niemand könne mit einem Edikt in ein zukünftiges Amtsjahr, sollte er in ein vorhergehendes zurückgreifen können („regredietur") ?

2. Niemals dürfe jemandem ein Nachteil („fraudem aut periculum") gesetzt werden, den er nach früherem Recht nicht vorhersehen konnte („provideri potuit") (cap. 41, p. 107). Cicero faßt sodann in cap. 42, p. 108 nochmals zusammen: „. . . neque in ulla praeteritum tempus reprehenditur, nisi eius rei, quae sua sponte scelerata ac nefaria est, ut etiam sic lex nunc esset, magno opere vitanda fuerit". Eine Ausnahme

---

[1]) Dazu ausführlich OVG Hamburg in JZ 1952 S. 416 = Kartei der deutschen Rechtsprechung 15 B, Art. 2 GG — 1953 — 15 — 233 = BB 1952 S. 99.

[2]) Affolter, Geschichte des intertemporalen Privatrechts, 1902 (652 Seiten); vgl. auch noch Affolters System des deutschen bürgerlichen Übergangsrechts.

[3]) Cicero, In Verrem, actio secunda, Lib. I cap. 42, 43 et 44 (edidit Orellus, 1826). Der erste Teil der zweiten Rede gegen Verres handelt von der Verwaltung der Stadtprätur durch Verres. Ähnlich lag es in der von Cicero in cap. 48 behandelten Sache Ligur: Der Erbantritt des Ligur, der im Vorjahr erfolgt war, sollte — weil jetzt in des Verres Amtsjahr die petitio erfolgte — nach des Verres Edikt behandelt werden.

will Cicero also bei damaligem Gewohnheitsrecht oder einem Gebot des Sittengesetzes zulassen.

3. Sodann weist er auf den Eingriff in den Willen des Testators hin (cap. 43, p. 111 a. E.): „Solus tu enim iuventus es, cui non satis fuerit corrigere voluntatis vivorum, nisi etiam rescendere mortiorum . . . (cap. 44, p. 114:) Eripias tu voluntatem mortuis, bona vivis ius omnibus?"

4. Weiterhin sagt er, es würden nachträglich Eigentumsrechte entzogen (cap. 44, p. 114), die Rechte der Freigeborenen („detrahes ornamenta . . . ingenuitatis?").

5. Die Rechtssicherheit würde zerstört, der Boden des Vertrauens auf das Recht entzogen (cap. 44, p. 114).

§ 17 *II. Wichtige gesetzliche Bestimmungen über die Rückanknüpfung und sofortige Einwirkung.*[1])

In die US-amerikanische Verfassung wurde ein Verbot der Rückanknüpfung und der sofortigen Einwirkung aufgenommen. In Art. 1 Abschn. 9 § 3 lautet es: „No bill of attainder or ex post facto law shall be passed". In Art. 1 Abschn. 10 § 1 ist eine Sonderregelung für Staatengesetze erlassen: „No State shall pass any bill of attainder ex post facto law or law impairing the obligations of contracts."

§ 3 wurde aber vom Supreme Court[2]) auf Strafgesetze beschränkt: Zivilgesetze dürften rückanknüpfen, nur sei die nachträgliche Anullierung von richterlichen Entscheidungen unzulässig. Eine aus der Verfassungsbestimmung folgende Vermutung soll allerdings (im Rahmen der deutenden Regel) gegen die Rückanknüpfung sprechen[3]). § 1 richtet sich nur an den Staatengesetzgeber, würde also Unionsgesetze nicht berühren. Das Union-Obergericht hat diese Verfassungsbestimmung aber erweiternd ausgelegt[3]).

Auch in der französischen Revolution wurde das Verbot der Rückanknüpfung gefordert[4]). So entstand Art. 2 des Code Civil: „La loi ne dispose que pour l'avenir, elle n'a point d'effet rétroactiv."

In der Straßburger Übersetzung des Code Civil für Westfalen lautet Art. 2: „Gesetze verfügen nur für die Zukunft. Sie haben keine rückwirkende Kraft." Das Badische Landrecht fügte als Art. 2 b hinzu: „Künftige Folgen einer vergangenen Begebenheit, wozu ein früheres Recht das Recht gegeben hatte, kann ein späteres ändern, ohne rück-

---

[1]) Vgl. aber auch die bekannte Stelle des Corpus Juris C 7 de legibus et constitutionibus 1, 14: Leges et constitutiones futuris certum est dare formam negotiis, non ad facta praeterita revocari, nisi nominatem etiam de praeterito tempore adhuc pendentibus negotiis cautum sit. Weitere spätrömische Vorschriften bei Affolter, Geschichte S. 50/70.

[2]) Urt. von 1798. Vgl. Blümel in JZ 1952 S. 409; ebenso Goeppert, Ihr. Jb. Bd. 22 S. 34 u. 00, anders (ohne Begründung) Scholz, Rechtssicherheit S. 21.

[3]) Goeppert, a. a. O. S. 34.

[4]) Constitution vom 22. 9. 1795 Art. 14: „aucume loi, ni criminelle, ni civile ne peut avoir d'effet rétroactiv."

wirkend zu sein, solange es nur noch inzwischen eintritt, ehe der Fall entsteht, der die Folgen erzeugt“[5]).

In anderen Gesetzbüchern dieser Zeit finden sich ähnliche Verbote und Regeln[6]).

§ 14 der Einleitung zum ALR lautet: „Neue Gesetze können auf schon vorhin vorgefallene Handlungen und Begebenheiten nicht angewendet werden.“ Es wird also die Rückanknüpfung verboten. Dem Wortlaut nach gilt dieses Verbot sowohl für den Richter — er darf Rückanknüpfung nicht aus dem Gesetz durch Auslegung entnehmen — als auch für den Gesetzgeber, der Rückanknüpfung nicht anordnen darf.

§ 15 sieht als Ausnahme[7]) von der deutenden Regel die Fälle der authentischen Interpretation vor; § 17 macht eine Ausnahme für Formvorschriften — allerdings im Widerspruch zu Tit. 3 § 43 ALR.

Eine Ausnahme von der verbietenden Regel sah ein später gestrichener § 20 im Entwurf zur Einleitung zum ALR vor: „Nur der Landesherr kann aus überwiegenden Gründen des gemeinen Besten ein neues Gesetz auch auf vorangegangene Fälle erstrecken.“

Während § 14 Einl. ALR die Rückanknüpfung betrifft, ist für sofortige Einwirkung in Art. 8 des Publikationspatentes[8]) eine Bestimmung getroffen: „Jedermann soll in dem Genuß und der Ausübung dieser seiner wohlerworbenen Gerechtsame geschützt und unter irgendeinem aus dem Landrecht entnommenen Vorwande nicht gestört und nicht beeinträchtigt werden.“

§ 14 Einl. ALR ist im Rahmen der verbietenden Regel nie angewendet worden, wie auch Peters[9]) betont. Es besteht heute in Deutschland keine geschriebene, den Gesetzgeber hinsichtlich der Rückanknüpfung ausdrücklich bindende Regel — außer im Strafrecht[10]).

B. Gegenwärtige Überwindung der positivistischen Anschauung. § 18

Die Zulässigkeit der Rückanknüpfung wurde von einer im wesentlichen positivistisch eingestellten Rechtsprechung und Lehre lange Zeit überhaupt nicht angezweifelt[11]). Auch für Österreich meint Adamowich, daß die Österreichische Verfassung die „rückwirkende“ Kraft von Gesetzen nicht geregelt habe und daher jedes Bundesgesetz auf diese Weise

---

[5]) Es ist also sofortige Einwirkung gestattet, nicht aber nachträgliche Änderung bestehender Rechtsfolgen für die Vergangenheit.

[6]) § 2 Sächs. Gesetzbuch, § 5 Österr. ABG, § 3 Abs. 2 des Gesetzbuches für den Kanton Luzern von 1831/39, § 47 der Verfassung von Sachsen-Altenburg: vgl. Schanze in Fischers Ztschr. für Praxis und Gesetzgebung der Verw. Bd. 53 S. 219f.

[7]) Den Ausnahmecharakter zeigt das „aber“ in § 15 Einl. ALR.

[8]) vom 5. 2. 1794. [9]) Peters, Lehrbuch S. 82 Anm. 2.

[10]) Art. 7 der Konvention zum Schutze der Menschenrechte vom 4. 11. 1950; Art. 103 Abs. 2 GG (früher Art. 116 Weimarer Rechtsverfassung); Art. 135 Abs. 1 der Verf. der DDR und § 2 a Abs. 1 StGB.

[11]) Preuß. OVGE 49 S. 101; 66, 51; das Sächs. OVG in Jb. I S. 310; RFH 27 S. 308; 31 S. 169; OGH BrZ in SJZ 1949, S. 407 = OGHZ 1 S. 96ff. unter Berufung auf das Reichsgericht mit vielen Zitaten für dessen Auffassung (davon treffen jedoch

erlassen werden könne: „Der Grundsatz der Erhaltung wohlerworbener Rechte hat insofern keine allgemeine Bedeutung"[12]). Goeppert hält das Verbot, rückanknüpfende Gesetze zu erlassen, nur für eine Gewissensfrage des Gesetzgebers[13]).

Für die Zulässigkeit der sogenannten Rückwirkung wurde Viererlei geltend gemacht:

Erstens, das Gesetz sei ein reines Gedankending, das das abstrakt Logische unbegrenzt bestimmen könne. Der Gesetzgeber suche sich den Tatsachenkomplex aus, an den er die Rechtsfolge binden wolle; diesen Tatsachenkomplex könne er der Gegenwart, Zukunft oder Vergangenheit entnehmen.[14]) Dem ist zu entgegnen, daß das abstrakt logisch Mögliche nicht rechtlich gestattet zu sein braucht.

Zweitens, die Souveränität des Staates lasse keine Beschränkung zu[15]). Dagegen ist einzuwenden, daß der Gesetzgeber heute durch Art. 1 Abs. 3 und 20 Abs. 3 GG an die Grundrechte und die verfassungsmäßige Ordnung gebunden ist[16]). Auch ist die These von der unbeschränkbaren Souveränität des Staates weder rechtsgeschichtlich noch rechtsvergleichend zu beweisen[17]).

Ballerstedt[18]) meint, man könne den Umkehrschluß aus Art. 103 Abs. 2 GG ziehen: für belastende Strafgesetze sei „Rückwirkung" verboten; also bestehe für Zivilgesetze und alle anderen außerstrafrechtlichen Gesetze kein entsprechendes Verbot. Ein Umkehrschluß ist logisch nur zulässig, wenn das Gesetz bestimmt: „nur dann wenn, so"[19]). Eine Auslegung, daß nur Strafgesetze nicht rückanknüpfen dürften, läßt Art. 103 Abs. 2 GG aber nicht zu.

Schließlich wird ohne Begründung gesagt, die „Rückwirkung" sei allgemein als zulässig anerkannt und auch das Reichsgericht hätte auf diesem Standpunkt gestanden[20]). Geht man die einzelnen für diese Auf-

---

nicht alle das Problem). Württ. Bad. VGH noch in seinem Beschluß vom 30. 11. 51 in Württ. Bad. VGHE 1952 S. 168 = DÖV 1952 S. 503; vgl. auch Jebens in Preuß. VerwBl. 19 S. 117 und S. 125; derselbe: lex ad praeterita trahi nequit (Verwaltungsrechtliche Aufsätze, Berlin 1899).

[12]) Adamovich, Grundriß des österreichischen Staatsrechts, 2. Aufl. Wien 1933, S. 267. [13]) Goeppert in Iher. Jb. Bd. 22 S. 39.

[14]) Zitelmann, Irrtum und Rechtsgeschäft S. 206.

[15]) So zuletzt noch Württ. Bad. VGHE 1952 S. 168 = DÖV 1952 S. 503; aber auch noch BGHZ 3 S. 82 = JZ 1951 S. 638.

[16]) Vgl. Hamann, Rechtsstaat S. 41 (besonders zu Anm. 46), der unter Berufung auf die Schleswiger Tagung der Verwaltungsgerichtspräsidenten vom 29. 8. 52 in Art. 20 Abs. 3 GG die entscheidenden Aspekte für die Frage des Verbots der Rückanknüpfung findet. Neuestens BVerwG v. 9. 5. 1960 in NJW 1960 S. 1588 = DVBl. 1960 S. 637.

[17]) OVG Lüneburg in NJW 1952 S. 1230 mit Zitaten.

[18]) Ballerstedt, Steuergesetze mit rückwirkender Kraft in SJZ 1949 S. 411.

[19]) U. Klug, Juristische Logik S. 41.

[20]) So der OGH BrZ in SJZ 1949 S. 407, der sich auf folgende Entscheidungen des Reichsgerichts stützte: RGZ 102 S. 151 und 161; RGZ 106 S. 351; 107 S. 370ff. (373); 108 S. 143; 109 S. 316; 110 S. 65.

fassung zitierten Entscheidungen des Reichsgerichts durch, so zeigt sich, daß nur wenige überhaupt von der Rückanknüpfung handeln. So betrifft RGZ 108 S. 143 eine andere Frage (welcher Zeitpunkt für die Prüfung eines Schiedsspruchs maßgebend ist). RGZ 109 S. 316 und 110 S. 65 berühren das Problem überhaupt nicht. RGZ 106 S. 351 geht nicht davon aus, daß „Rückwirkung" grundsätzlich zulässig sei, vielmehr begründet das Reichsgericht, wieso in diesem Falle gegen die „Rückwirkung" keine Bedenken bestünden[21]). Infolgedessen kann von einer allgemeinen Anerkennung der „Rückwirkung" durch das Reichsgericht nicht geredet werden. Außerdem müßte, selbst wenn das der Fall wäre, die Rechtslage heute doch erneut überprüft werden.

Die positivistische Anschauung beherrscht nicht mehr das Feld[22]). Man glaubt nicht mehr an die Unfehlbarkeit des Gesetzgebers. Das zeigen die Artikel des Grundgesetzes, die aussagen, daß der Gesetzgeber an die Grundrechte (Art. 1 Abs. 3 GG) und die verfassungsmäßige Ordnung (Art. 20 Abs. 3 GG) gebunden sei.

Im Schrifttum besteht heute Einigkeit über das Bestehen eines Verbots der Rückanknüpfung[23]). Jedoch sind bisher weder eine überzeugende Begründung dafür noch die Abgrenzung der Ausnahmen gefunden. Um beide wird — sogar mit Schärfen gegen die gegnerische Person[24]) — gestritten. Auch die Rechtsprechung hat ihre starre positivistische Haltung aufgegeben. Der Bayer. VerfGH machte den ersten Vorstoß, das OVG Hamburg und der Württ. Bad. VGH folgten. Schließlich äußerten auch der BFH, das BVerfG und der BGH Bedenken gegen die Flut rückanknüpfender Gesetze[25]).

C. Die verschiedenen Begründungen für die verbietende Regel.

I. Überblick; Artikel 82 und 103 Grundgesetz. § 19

Es lassen sich im wesentlichen acht Begründungsversuche unterscheiden[1]).

Keine Begründung kann als herrschend angesehen werden. Zwar meint Mattern, das Verbot der Rückanknüpfung werde „überwiegend" auf die

---

[21]) Ebenso RGZ 115 S. 345; 137 S. 82.

[22]) Anders während der Nazizeit: Radbruch in einem Brief an seinen Herausgeber im Jahre 1939 (zit. in Rechtsphilosophie S. 72 Anm. 3): „Jetzt will mir der Positivismus sogar als ein Ideal wieder erscheinen, das uns bitter not tut."

[23]) Ablehnend zuletzt nur noch Ballerstedt, SJZ 1949 Sp. 411ff., der aber betont, daß das Ergebnis nicht befriedigen könne. Ablehnend auch noch die Rechtsprechung; das BVerfG nennt die Rückwirkung „an sich zulässig", NJW 1952 S. 895; das BVerwG, (Urt. v. 9. 5. 1960 (DVBl. 1960 S. 637 = NJW 1960 S. 1588) neigt für das Polizeirecht zum Prinzip der „Nichtrückwirkung" der Gesetze.

[24]) Ehlers in StW 1954 Sp. 723ff. [25]) Unten § 25 Anm. 4 bis 6.

[1]) Dabei sind die sicherlich berechtigten, rechtspolitischen Bedenken, die besonders Klein in Monographie S. 34ff. äußert, unberücksichtigt gelassen. Rechtspolitische Bedenken werden auch in Deutsche Zeitung vom 8. 8. 1951 Nr. 83, S. 10 erhoben.

Rechtssicherheit gestützt[2]). Dagegen meint Giese, die „herrschende Meinung" begründe das Verbot mit Art. 2 GG[3]).

Einigkeit in Rechtsprechung und Rechtslehre besteht nur, wie das Verbot nicht begründet werden könne: das Bestehen eines überpositiven Rechtssatzes, der die Rückanknüpfung verbietet, wird allgemein abgelehnt[4]).

Nach Köster[5]) soll Art. 82 Abs. 2 GG der Rückanknüpfung entgegenstehen, weil „das Wesen der Verkündung" ein vorheriges Inkrafttreten verbiete.

Das „Wesen der Verkündung" kann nur darin liegen, daß das gesetzliche Sollen dem Betreffenden ab dem Zeitpunkt seiner Geltung bekanntgegeben wird. Nun ist oben § 6 festgestellt, daß die Geltung rückanknüpfender Gesetze frühestens mit der Verkündung beginnt. Daher ist dem verfassungsmäßigen Gebot des Art. 82 Abs. 2 GG Genüge getan.

Für eine Anlehnung an Art. 103 Abs. 2 GG bei der Lösung der Rückanknüpfungsprobleme (außerstrafrechtlicher) Gesetze tritt Coing ein[6]).

Allerdings spricht für seine Ansicht die nachbarschaftliche Stellung von Abs. 2 neben Abs. 1 in Art. 103 GG; denn Abs. 1 gilt für alle Verfahren vor Verfassungs-, Verwaltungs-, Arbeits- und Sozialgerichten, Die Vorschrift des Art. 103 Abs. 2 GG könnte für das Problem aber nur von Bedeutung sein, wenn sie einen Analogieschluß zuließe. Für einen solchen Schluß ist kein Raum. Es fehlt an der erforderlichen Ähnlichkeit der Interessenlage. Das zeigt einmal die Auffassung des Supreme Court[7]), der eine weite Verfassungsvorschrift auf Strafgesetze beschränkt. Zum anderen erklärt sich das Verbot rückanknüpfender Strafgesetze aus dem Sühnecharakter der Strafe für schuldhaft begangenes Unrecht. Dieses setzt die Kenntnis der Rechtswidrigkeit der damaligen Handlung voraus, die nur bei in die Zukunft gerichteten Gesetzen vorhanden sein kann. Eine entsprechende Lage entsteht bei Zivilgesetzen nur bei unerlaubten Handlungen, für die daher Art. 103 Abs. 2 GG entsprechend gelten muß, und im Verwaltungsrecht bei Ordnungswidrigkeiten und Disziplinarverfehlungen. Für letztere will das Bayer. Oberste Landesgericht in der Tat diesen Artikel analog heranziehen[8]). Im übrigen sind es aber ganz andere Gründe, die das Rückanknüpfungsverbot im außerstrafrecht-

---

[2]) In JZ 1954 S. 348. [3]) Giese in DÖV 1954 S. 321.

[4]) BVerfGE 2 S. 237 = JZ 1953 S. 502; BFH in Der Betrieb 1953 S. 918; F. Klein, Monographie; Mattern in JZ 1954 S. 348.

[5]) Köster in BB 1952 S. 93.

[6]) Coing, Grundsätzliches zur Rückwirkung von Gesetzen in BB 1954 S. 137 ff.; ebenso schon früher Meyer-Cording in JZ 1952 S. 419. Aber auch das BVerwG (Urt. v. 9. 5. 1960 in NJW 1960 S. 1588 = DVBl. 1960 S. 637) stützt sich maßgeblich auf Art. 103 Abs. 2 GG.

[7]) Siehe oben § 17 Anm. 2.

[8]) Bayer. ObLG in MDR 1953 S. 629.

lichen Raum erheischen: Hier darf auf Ciceros Schrift Bezug genommen werden[9]).

Ein genereller Satz, daß Art. 103 Abs. 2 GG für alle rückanknüpfenden Gesetze etwas besage, kann also nicht aufgestellt werden.

II. Wohlerworbene Rechte und Enteignung.

a) Die wohlerworbenen Rechte als Grenze. § 20

In der älteren Literatur wurden diejenigen rückanknüpfenden und sofort einwirkenden Gesetze für unerlaubt gehalten, in denen das neue Gesetz wohlerworbene Rechte (Gerechtsame) beeinträchtigt. Die wohlerworbenen Rechte sollten die Grenze für den Gesetzgeber hinsichtlich der Rückanknüpfung und der sofortigen Einwirkung bilden. Habicht meinte, es handele sich dabei aber nur um eine „rechtsphilosophische Forderung“[1]).

Schon bei Cicero findet sich der Hinweis, rückanknüpfende Gesetze könnten nachträglich Rechte der Betroffenen beeinträchtigen. Jacobus de Belvisio, Cymus und besonders Fellinus Sandaeus lösten[2]) intertemporale Fragen mit den wohlerworbenen Rechten (ius quaesitum). Diese werden von ihnen eingeteilt in „ius quaesitum ex jure divino“ und „ius quaesitum ex iure positivo“; erstere, meinten sie, könnten nicht, letztere vom Pabst oder vom Prinzeps widerrufen oder für nichtig erklärt werden. Aus dem 18. Jahrhundert sei herausgegriffen[3]) Johann Christian Wolff[4]), der den Gesetzeseingriff bei „iura quaesita“ zulassen will, dagegen bei „iura cognata“ ablehnt.

Das Allgemeine Landrecht stellte ebenfalls auf die wohlerworbenen „Gerechtsame“ ab (siehe oben § 17, Anm. 8). Otto von Gierke[5]) hält daran fest, daß positivrechtlich die wohlerworbenen Rechte den Maßstab für die Zulässigkeit der „Rückwirkung“ bilden. Das Reichsgericht prüfte[6]), ob § 62 HGB sofortige Einwirkung beanspruche und bejahte dies aus überwiegenden Gründen des Gemeinwohls, „so daß selbst Bedenken der Verletzung b e r e i t s e r w o r b e n e r*) Vertragsrechte dagegen zurücktreten“ müßten.

Auch in neuester Zeit wird die Grenze zulässiger Rückanknüpfung dort gesehen, wo wohlerworbene Rechte angetastet werden: so eingehend das

---

[9]) Siehe oben § 16 Anm. 3.

[1]) Habicht, Einwirkung S. 7.

[2]) Nach der Darstellung von Affolter, Geschichte S. 289.

[3]) Literaturangaben bei Affolter, Geschichte S. 572.

[4]) J. C. Wolf in: „Jus naturae methodo scientifico pertractum“, Francoforti et Lipsiae 1740 pars I cap. 1 § 26.

[5]) O. v. Gierke, Privatrecht I § 23 Anm. 28 S. 192.

[6]) RGZ 42 S. 97ff. (101); vgl. auch RGZ 137 S. 82: „Rechte sollen durch die Rückwirkung grundsätzlich nicht vernichtet werden.“

*) Vom Verfasser gesperrt.

DOG[7]), der Bayer. VerfGH[8]) und das OVG Lüneburg[9]). Auch Forsthoff sieht die Schranke zulässiger Rückanknüpfung in den wohlerworbenen Rechten[10]).

Die wohlerworbenen Rechte haben begrifflich einen Wandel durchgemacht.

Ursprünglich, d. h. für die Schriftsteller bis zum ausgehenden 19. Jahrhundert, war eine bestimmte Rechtslage gegenüber jedem Gesetz entweder ein wohlerworbenes Recht oder aber nicht. Der Entstehungstatbestand entschied über die Rechtsqualität. Es bestanden zwei Auffassungen über die Voraussetzungen, unter denen ein wohlerworbenes Recht entstanden sein sollte.

Entweder wurde für entscheidend angesehen, ob der vom Gesetz jetzt Betroffene die Rechtslage mit seinem Willen herbeigeführt habe, oder es wurde darauf abgestellt, ob der Rechtslage ein Akt staatlicher Verleihung oder ein besonderer Rechtstitel zugrunde lag oder ob sie klagbar war.

Jeder Theorie begegneten unüberwindliche Schwierigkeiten; zu den Rechten, die durch einen Willensakt begründet wurden, gehören z. B. nicht die Volljährigkeit oder der Fürsorgeort, gewöhnlich nicht die Staatsangehörigkeit. Alle diese konnten die Willenstheorein vor der „Rückwirkung" nicht schützen, obwohl nicht zu bestreiten ist, daß der nachträgliche Entzug der Großjährigkeit oder der Staatsangehörigkeit für den Betroffenen Nachteile und unübersehbare Verwirrung bringen würde. Durch staatliche Verleihung oder besonderen Rechtstitel, sei es nun durch Gesetz oder verwaltungsmäßigen Einzelakt, wird ebenfalls nur ein Teil der Rechte begründet, die man als „wohlerworbene Rechte" vor Rückwirkung schützen wollte. Die Großjährigkeit zum Beispiel beruht nicht auf staatlicher Verleihung oder besonderem Rechtstitel.

Nach heute allgemeiner Meinung läßt sich eine positiv vom Entstehungstatbestand her begrifflich festgelegte Umgrenzung für die wohlerworbenen Rechte nicht aufstellen[11]). Bei dem Erlaß des BGB wurde eben deshalb von der Aufnahme einer Vorschrift, daß wohlerworbene Rechte zu schützen seien, Abstand genommen[12]). Das Preuß. OVG faßte die wohlerworbenen Rechte von der negativen Seite. Zu den wohlerworbenen Rechten zählt es die einfachen Erwartungen nicht, wie sicher und nahe auch nach älterem Recht der Erwerb schon in Aussicht

---

[7]) Deutsches Obergericht in NJW 1950 S. 743 und in NJW 1950 S. 450 = DÖV 1950 S. 686 = DVBl. 1950 S. 760 = Arch. öff. Recht 77 S. 79.

[8]) Bayer. VGHE n. F. 3 II S. 129.

[9]) OVG Lüneburg NJW 1952 S. 1230, vgl. § 22 Anm. 4; BGH in JZ 1952 S. 536 und BGHZ 18 S. 81 = NJW 1955 S. 1553 (1555).

[10]) Lehrbuch I S. 139ff., 146; Jellinek, Lehrbuch S. 143; Zunft in AcP 1952 S. 294ff.; Hueck-Nipperdey, Bd. II S. 325 betonen, daß rückanknüpfende Tarifverträge in wohlerworbene Rechte eingreifen können.

[11]) Für andere Forsthoff, Lehrbuch I, S. 22, 140 Fn. 1, 288.

[12]) Mot. z. EGBGB Bd. 1, S. 22.

stände: Es bestehe kein Schutz für „allgemeine, abstrakte Befugnisse aller Menschen, welche nur die Möglichkeit gewähren, bestimmte Rechtsverhältnisse zu schaffen“[13]). Nicht einmal dieser negativen Fassung wird von allen zugestimmt. So will offenbar Stier-Somlo[14]) auch den Erwartungen einen Schutz gegen gesetzliche Eingriffe zusprechen. Auch Forsthoff meint[15]), eine Anwartschaft, z. B. nach 6 Semestern Studium zur Prüfung zugelassen zu werden, könne nicht mit sofortiger Einwirkung durch neues Gesetz beseitigt werden.

Von Tuhr und O. v. Gierke resignieren, wohlerworbene Rechte seien eben „sehr vieldeutig“[16]) und bildeten einen „unzuverlässigen Maßstab“[17]). Binding zog als erster die Folgerung und sagte, es komme nur auf den „Wert (des Rechtszustandes) für die Rechtsgemeinschaft“ an. Daraus folge der Wert ihrer Erhaltung und der Unwert ihrer Veränderung[18]).

Das war der erste Schritt auf dem Wege zu einer rein teleologischen Auffassung der wohlerworbenen Rechte, die heute vorherrscht. Danach sind wohlerworbene Rechte „diejenigen Rechtslagen, die ohne Verletzung von Rechten anderer und ohne Verstoß gegen das Sittengesetz erlangt sind und gegenüber dem neuen Recht und dem Interesse an seiner Anwendung als schutzwürdig anzusehen sind“[19]). Aber wann sind sie als schutzwürdig anzusehen? Forsthoff meint selbst zu der von ihm aufgestellten Begriffsbestimmung, daß sie nicht judikabel sei; sie sei aber unentbehrlich.[20])

Würde ein Richter allein unter Zugrundelegung der heutigen Ansicht von den wohlerworbenen Rechten die Gültigkeit eines Gesetzes prüfen, so müßte er ganz subjektiv entscheiden. Denn jeder objektive Anhaltspunkt für die „Schutzwürdigkeit“ der Rechte fehlt.

Damit scheiden aber die wohlerworbenen Rechte als alleiniger Maßstab für die Zulässigkeit der Rückanknüpfung und sofortigen Einwirkung aus.

b) Entzug wohlerworbener Rechte = Enteignung. § 21

Nun vertritt der BGH[1]) die Ansicht, wohlerworbene Rechte seien nur der altrechtliche Ausdruck für das, was man heute Eigentumsgarantie

---

[13]) OVGE 6 S. 270 (Urt. v. 5. 6. 1880); ähnlich Scholz, Rechtssicherheit S. 21.

[14]) Stier-Somlo, Einwirkung S. 117.

[15]) Forsthoff, Lehrbuch I § 8 S. 140

[16]) v. Tuhr, Allgemeiner Teil Bd. 1 S. 16ff.

[17]) O. v. Gierke, Privatrecht § 23 S. 192 Anm. 28.

[18]) Binding, Norm S. 356.

[19]) OVG Lüneburg, NJW 1952 S. 1230; Tietz in NJW 1951 S. 468, 470; Forsthoff, Lehrbuch I (2. Aufl.) S. 129, 7. Aufl. S. 140.

[20]) So auch schon O. v. Gierke, Privatrecht I S. 193.

[1]) BGH, Beschluß des Gr. Zivilsenats v. 20. 5. 1954 in NJW 1954 S. 1079ff. (1080).

nenne. Wenn das richtig wäre, so würde der Begriff der wohlerworbenen Rechte Inhalt bekommen und praktikabel werden. Der Satz: wohlerworbene Rechte sollen geschützt werden, würde letztlich auf Art. 14 und 20 GG — nach abendländischer Tradition ausgelegt[2]) — zurückgeführt werden. Die Zulässigkeit der Rückanknüpfung und sofortigen Einwirkung fänden ihre Grenze dort, wo in wohlerworbene (= enteignungsfähige) Rechte eingegriffen wird. Auf die „Einzelaktstheorie" oder die Theorie vom Sonderopfer würde es nicht ankommen, da nicht zu fragen wäre, ob eine Enteignung vorliegt[3]).

Aber ist es richtig, daß die wohlerworbenen Rechte mit enteignungsfähigen Rechten identisch sind?

Träfe das zu, so wären immaterielle Rechte (Name, Ehe, Geheimsphäre u. ä.) rückanknüpfenden Gesetzen preisgegeben. Die mit 18 Jahren erworbene Großjährigkeit in der DDR würde nach der Wiedervereinigung und etwaigen Aufhebung von DDR-Bestimmungen gegenüber der Einführung des Bundesrechts m. E. als wohlerworbenes Recht zu gelten haben; die Rechtsstellung ist schutzwürdig — enteignungsfähig ist sie aber nicht. Die Eherechte sind sicherlich wohlerworbene Rechte, sie sind aber nicht enteignungsfähig. Folgte man daher dem BGH, so bliebe eine nachträgliche gesetzliche Aufhebung von Ehen schutzlos. Man wende nicht ein, „rückwirkend" Ehen aufzuheben, fiele keinem Gesetzgeber ein. Die „Lex Julia maritandis ordinibus" des Kaisers Augustus beweist das Gegenteil. Das Preußische Gesetz über unebenbürtige Ehen vom 22. 2. 1869 erklärt nachträglich die gemäß §§ 30—33 Titel 1 Teil 2 ALR nichtigen unebenbürtigen Ehen für gültig. Die vielleicht inzwischen geschlossene zweite Ehe wird damit zur Doppelehe. Soll man nicht auch das Recht, Verjährung einzuwenden, als wohlerworbenes Recht betrachten[4])? Enteignungsfähig ist es nicht.

Der Schutz gegen rückanknüpfende Gesetze wäre also jedenfalls ein sehr unvollkommener, wenn die Rückanknüpfung nur vor wohlerworbenen Rechten = enteignungsfähigen Rechten haltzumachen hätte.

Zum anderen wäre das System sehr starr. Auch in Krisen- und Notzeiten könnte selbst aus überwiegenden Gründen des gemeinen Wohls kein rückanknüpfender oder sofort einwirkender gesetzlicher Eingriff in enteignungsfähige Rechte stattfinden. Auch nicht gegen Entschädigung; denn eine Entschädigung wegen des Eingriffs käme nicht in Frage, wenn man nicht von dem Satz, daß wohlerworbene Rechte (= enteignungsfähige Rechte) nicht berührt werden dürfen, abweichen und praktisch bei dem Enteignungsinstitut stehenbleiben will.

---

[2]) OVG Hamburg in JZ 1952 S. 416 (und vgl. § 16 Anm. 1).

[3]) Anders das Deutsche Obergericht in NJW 1950 S. 237.

[4]) Die Verjährungseinrede wurde nachträglich um 14 Tage entzogen durch § 5 VO ZJA BrZ v. 13. 1. 1949 VOBl. S. 19. Meyer-Cording, JZ 1952 S. 161ff. wendet sich ausdrücklich gegen die „rückwirkende" Verjährungsverlängerung.

Ob manchmal in der Rückanknüpfung eine Enteignung liegt[5]), soll später untersucht werden (vgl. unten § 37, § 39).

III. Rechtssicherheit.

a) Darstellung der Lösung Friedrich Kleins. § 22

Eine auf die Wurzeln des Rechts zurückgreifende Begründung für die verbietende Regel ist von Friedrich Klein gegeben worden[1]). Ansatzpunkte für seine Ansicht finden sich allerdings schon in der früheren Rechtslehre[2]) und Rechtsprechung[3]). Klein sieht in der nicht voraussehbaren „Rückwirkung" — jedenfalls von belastenden Steuergesetzen — einen Verstoß gegen die Rechtssicherheit[4]). Rechtssicherheit bedeute Schutz des Vertrauens der Staatsbürger in die positive Rechtsordnung. Dieses Vertrauen werde untergraben, wenn der gegenwärtige Rechtszustand durch rückanknüpfende Gesetze unvorhersehbar in sein Gegenteil verkehrt oder zuungunsten der Betroffenen verschlechtert werde.

Klein führt aus (Spalte 38):

Der Gesetzgeber sei „nach der ausdrücklichen Vorschrift des Art. 20 Abs. 3 GG an die verfassungsmäßige Ordnung gebunden". Die verfassungsmäßige Ordnung beinhalte „das Prinzip des materiellen Rechtsstaates als eines an Rechtsidee und materieller Gerechtigkeit orientierten Staates". Das zeige sich an den Art. 28 Abs. 1 Satz 1 GG und Prinzipien des formellen Rechtsstaates, Konstitutionalität, Gewaltenteilung und Liberalität. Begriff und Prinzip des materiellen Rechtsstaates bedürften bei jeder Anwendung als aktuelle Rechtssätze der Konkretisierung und Präzisierung (Sp. 39). Das Prinzip des Rechtsstaates werde durch die Rechtssicherheit konkretisiert. Diese sei unbestrittenes und unbestreitbares Element der Rechtsstaatsidee und der Rechtsstaatsordnung[5]). Sie

[5]) Der OGH BrZ in SJZ 1949 Sp. 407 und das DOG in NJW 1950 S. 231 hatten rückanknüpfende Gesetze auf ihren Enteignungscharakter geprüft. Vgl. auch Köster in BB 1952 S. 93; Enneccerus-Nipperdey § 61 II 6 (S. 355).

[1]) F. Klein, Von der Zulässigkeit zur Unzulässigkeit rückwirkender Steuergesetze, in StW 1954 Sp. 1—44.

[2]) Zitiert bei Klein, StW 1954 Sp. 21ff.; aber auch bei der „deutenden Regel" wurde früher schon auf das Prinzip der Rechtssicherheit verwiesen; vgl. auch das letzte Bedenken Ciceros, oben § 16 Anm. 3.

[3]) Bayer. VerfGHE n. F. 5 S. 1ff.; 5 S. 243ff. (264); 4 S. 90ff. (100).

[4]) Die Beweisführung Kleins hatte sofort Anhänger gefunden, nämlich: Giese in DÖV 1954 S. 321: „Können Verfassungsgesetze sich rückwirkende Kraft beilegen?" Gieses eng beschränkten Forderungen wird man sich anschließen können; Mattern in JZ 1954 S. 348ff.; Mattern meint, auch in einer Entscheidung des OVG Lüneburg in NJW 1952 S. 1230 sei die Rechtssicherheit als Kriterium für die Zulässigkeit der Rückanknüpfung herangezogen worden. Das ist irrig. Das OVG hat die hier aus Art. 2 GG hergeleitete Rechtsstaatlichkeit, die der Rückanknüpfung eine Grenze in den wohlerworbenen Rechten setze, herangezogen und nicht die Rechtssicherheit. Deiting in StW 1955 Sp. 21ff.; Sudhoff in StW 1957 I Sp. 47ff. (50): „Ist § 52 Abs. 13 EStG ungültig?" Sudhoff prüft auch, ob Enteignung vorliege (Sp. 51).

[5]) Ebenso Hess. StaatsGH in VerwRspr. 1954 S. 422—427.

stelle das unter allen Umständen zu erreichende Ziel für jede juristische Tätigkeit dar, und zwar „immer das erste und höchste Ziel" (Sp. 40). Daher taucht für Klein die Frage nicht auf, ob nicht im Einzelfall die Rechtssicherheit etwa der Billigkeit oder der Gerechtigkeit weichen muß (was Deiting[6]) andeutet, aber nicht beachtet). Denn ist sie höchstes Ziel, so geht sie den anderen oberen Zielsetzungen vor.

§ 23 b) Kritik dieser Lösung.

Der Gedanke, daß die Unvorhersehbarkeit der Rückanknüpfung ein ausschlaggebendes Kriterium im Rahmen der verbietenden Regel sei, hängt eng mit der Eigenart rückanknüpfender Gesetze zusammen, ein Sollen wegen bereits Geschehenem oder wegen früherer Rechtslagen zu statuieren; denn es wird häufig im Zeitpunkt der Tatbestandsverwirklichung die nachträglich daran geknüpfte Rechtsfolge nicht erkennbar gewesen sein. Daher ist der Einführung dieses Gedankens in die verbietende Regel voll zuzustimmen.

Klein entwickelt jedoch nun nicht aus der Interessenlage — den Interessen des Gesetzgebers an der unvorhersehbaren Rückanknüpfung einerseits und den Interessen der von dem unvorhersehbar rückanknüpfenden Gesetz Betroffenen andererseits — einen Obersatz, daß unvorhersehbar rückanknüpfende Gesetze unter bestimmten weiteren Voraussetzungen nichtig seien, sondern entnimmt einen solchen Obersatz dem Prinzip der Rechtssicherheit.

Die Lösung Kleins setzt voraus, daß die Rechtssicherheit sich rechtssatzmäßig konkretisieren läßt. Ein Verstoß gegen sie muß Rechtsfolgen auslösen. Sonst bliebe jede Feststellung, daß die Rechtssicherheit verletzt sei, wirkungslos. Außerdem muß die Rechtssicherheit sich so eindeutig begrifflich festlegen lassen, daß meßbar wird, wann ein Gesetz mit ihr nicht mehr in Übereinstimmung steht. Anders ausgedrückt, sie muß „Entschiedenheit und Sinnbestimmtheit"[1]) haben.

Verbirgt sich im Rechtssicherheitsprinzip ein Rechtssatz?

Zunächst soll geprüft werden, ob eine Rechtsfolge eintritt, wenn ein Gesetz nicht der Rechtssicherheit dient.

Klein ist der Ansicht, Rechtssicherheit müsse unter allen Umständen erreicht werden. Er hält also die Wahrung der Rechtssicherheit für eine notwendige Voraussetzung[2]) der Wirksamkeit jeglicher Rechtssetzung. Wäre das richtig, so würde ein Gesetz, das der Rechtssicherheit nicht entspricht, nichtig sein.

Klein beruft sich für seine Ansicht auf Sauer, der davon spricht, daß Gerechtigkeit das Fernziel sei, Rechtssicherheit aber das Nahziel, das es unbedingt zu erreichen gelte. Sauer sagt das aber nicht im Hinblick auf

---

[6]) In StW 1955 Sp. 24.

[1]) H. J. Wolff, Über die Gerechtigkeit ... in Festschrift für Sauer S. 118f.

[2]) I. S. U. Klug's, Juristische Logik S. 44/45: „nur wenn, dann —".

die Gesetzgebung, sondern auf den Richter. Das ergibt sich aus dem Zusammenhang und aus der folgenden Ausführung Sauers: „Innerhalb der richterlichen (!) Aufgabe steht die Rechtssicherheit an erster Stelle. Ihre Bewährung ist zugleich generelle Gerechtigkeit . . . Der Richter ist nicht befugt, den Gesetzesrahmen zu sprengen. Hierzu ist nur der Gesetzgeber befugt"[3]).

Im übrigen wird die Meinung Kleins, Rechtssicherheit müsse unter allen Umständen erreicht werden — außer wohl von Scholz[4]) —, in der rechtsphilosophischen Literatur nirgends vertreten[5]). Auch in der Rechtsprechung und deren Besprechung wird sie überwiegend abgelehnt. Zwar hatte das OLG Frankfurt[6]) zur Anwendung der Art. 3 Abs. 1, 117 Abs. 1 GG ausgeführt, die Durchführung der Gleichberechtigung ohne gesetzliche Grundlage würde einen solchen Zustand der Rechtsunsicherheit herbeiführen, daß Art. 117 Abs. 1 GG unanwendbar wäre. Die übrige Rechtsprechung hat sich aber auf einen anderen Standpunkt gestellt[7]). In dem zitierten Urteil des Bundesverfassungsgerichts ist der m. E. entscheidende Grund gegen die Ansicht Kleins aufgezeigt: Das Prinzip der Rechtssicherheit liege mit der Forderung nach materieller Gerechtigkeit häufig in Widerstreit, und es sei „in erster Linie Aufgabe der Gesetzgebung, einen solchen Widerstreit bald nach der Seite der Rechtssicherheit, bald nach der Seite der materiellen Gerechtigkeit hin zu entscheiden." Die Rechtssicherheit ist also nicht oberste, sondern eine der oberen Zielsetzungen[8]), wenn man sie nicht sogar für einen unlösbaren Teil der Gerechtigkeit selbst hält. Stellt man sich auf diesen letzteren Standpunkt, so entfällt die Möglichkeit eines Widerspruchs zwischen der Rechtssicherheit und der Gerechtigkeit; es erhebt sich jedoch dann die Frage, ob nicht ein rückanknüpfendes Gesetz, das das Rechtssicherheitsprinzip außer acht läßt, deshalb gegen die Gerechtigkeit verstößt. Diese Frage aufwerfen heißt, sie zu bejahen; denn wenn die Rechtssicherheit ein Teil der Gerechtigkeit ist, beinhaltet ein Verstoß gegen die Rechtssicherheit die

---

[3]) Sauer, Juristische Methodenlehre S. 253; ebenso S. 251.

[4]) Scholz, Rechtssicherheit, widerspricht sich jedoch auf S. 5 unter 3. einerseits und S. 21 erster Absatz, S. 23 letzter Absatz andererseits.

[5]) Weder Rümelin (Über die Rechtssicherheit) noch Radbruch (Rechtsphilosophie), weder Emge (Rechtssicherheit und Gerechtigkeit S. 28) noch Jahrreiß (Berechenbarkeit und Recht; Grundgesetz und die Rechtsprechung S. 109), noch Hans J.Wolff (Festschrift für Wilhelm Sauer) stellten die Rechtssicherheit als oberste Zielsetzung für den Gesetzgeber hin. Auf die Streitfrage, ob die Rechtssicherheit Gegenpol, Ausfluß, Kehrseite oder Bestandteil von der Gerechtigkeit ist, kommt es dabei nicht an.

[6]) OLG Frankfurt, NJW 1953 S. 746 mit ablehnender Anm. v. v. Deines in NJW 1953 S. 946.

[7]) OLG Braunschweig in Nds. Rpfl. 1953 S. 139; OLG Celle in NJW 1953 S. 828; abschließend BVerfGE 3 S. 225 = NJW 1954 S. 65 mit zustimmender Anmerkung von Bachof; vgl. auch Giese 1954 S. 323: „Rechtssicherheit gehört als Prinzip der Gerechtigkeit zu den obersten Zielsetzungen eines Rechtsstaates."

[8]) So Gustav Radbruch, Rechtsphilosophie S. 170.

Verletzung der Gerechtigkeit[9]). Diese Antwort führt aber keinen Schritt weiter in der Untersuchung der Lösung F. Kleins. Deshalb dürfen die unterschiedlichen Auffassungen über das Verhältnis der Rechtssicherheit zur Gerechtigkeit außer Betracht gelassen werden.

In allen in der Rechtslehre behandelten Fällen, in denen ein Gesetz aus Gründen der Rechtsidee nichtig sein soll (unrichtiges Recht), liegt es so: Das formell richtige Gesetz birgt materielles Unrecht. Erreicht das Unrecht ein unerträgliches Maß, so will man die Rechtssicherheit (daß das positive Recht auch angewendet wird) vor der Gerechtigkeit weichen lassen. Bestand und Anwendung eines formellen Gesetzes wird hier als Forderung der Rechtssicherheit aufgestellt[10]). Diese tritt „in äußersten Fällen gegenüber der materiellen Gerechtigkeit zurück"[11]).

Wenn ein rückanknüpfendes Gesetz wegen Verstoßes gegen die Rechtssicherheit für nichtig oder unanwendbar gehalten wird, liegt es — wie oben beschrieben — anders: Nicht aus Gründen grober materieller Ungerechtigkeit, sondern aus Gründen der Rechtssicherheit soll das Gesetz unanwendbar sein. Dann halten sich die Rechtsunsicherheit durch die Rückanknüpfung des Gesetzes auf der einen Seite und die Rechtsunsicherheit durch Nichtanwendung eines Gesetzes, das der Gesetzgeber förmlich erlassen hat, auf der anderen Seite die Waage. Es steht Rechtssicherheit gegen Rechtssicherheit. Diese Kollision kann nicht damit gelöst werden, daß man nachweist, die Rechtssicherheit sei oberste Zielsetzung.

Man müßte schon sagen, die vor Erlaß des Rechtssatzes bestehende oder durch seine Rückanknüpfung entstehende Rechtsunsicherheit wöge schwerer als die durch die zweifelhafte Richtigkeit der Rückanknüpfungsklausel verursachte Unsicherheit. Es müßte also festgestellt werden, daß die Rechtssicherheit in verschiedenen Bedeutungen gebraucht wird und daß die Rechtssicherheit in der einen Bedeutung höherwertig als in der anderen ist. Es sind daher zwei Fragen zu beantworten:

Kann die Rechtssicherheit so aufgespalten werden, daß erkennbar wird, in welcher Bedeutung die Rechtssicherheit gegen die Rückanknüpfung steht und in welcher anderen Bedeutung sie die Anwendung einmal formell richtig gesetzten Rechts erheischt?

Wenn das zu bejahen ist — genießt die Rechtssicherheit in der einen Bedeutung den unbedingten Vorrang gegenüber der Rechtssicherheit in der anderen Bedeutung?

Die Rechtssicherheit wird in der Tat in wechselnden Bedeutungen verstanden[12]). Aus der Zahl der von Sauer[13]), Emge[14]) und Rüme-

---

[9]) Vgl. unten § 33 nach Fußnote 14.

[10]) Z. B. bei Radbruch, Rechtsphilosophie S. 347ff., 353.

[11]) BVerfG wie in Anm. 7. Anders Franz Scholz, Gesetz und Gerechtigkeit in DVBl. 1955 S. 241: „dura lex, sed lex".

[12]) Max Rümelin, Rechtssicherheit S. 2, 54 bis 56.

[13]) Sauer, Methodenlehre S. 250/251.

[14]) C. A. Emge, Sicherheit und Gerechtigkeit S. 1/2; und in Einführung in die Rechtsphilosophie S. 155, 164 (zu a) und b)), S. 168.

lin[15]) herausgearbeiteten Bedeutungen kommen für unser Problem nur einige wenige in Frage:

Voraussehbarkeit.

Voraussetzung der Rechtssicherheit ist nach Rümelin[16]) eine solche Bestimmtheit und Erkennbarkeit der jeweils geltenden Rechtssätze, daß eine Gleichmäßigkeit und Voraussehbarkeit des staatlichen Handelns soweit als möglich gewährleistet erscheint.

Sauer zählt zu den Bedeutungen der Rechtssicherheit: „Erkennbarkeit des Rechts- und Staatswillens für den einzelnen, speziell möglichste Voraussehbarkeit der richterlichen Entscheidung."

Vor Erlaß des Gesetzes ist die Rückanknüpfung nicht — stets — voraussehbar. Insofern besteht Rechtsunsicherheit.

Das Stabilitätsinteresse.

Scholz[17]) meint, Rechtssicherheit sei nur als Meßbarkeit und Bestand der Rechtsordnung zu verstehen. Das erstere heißt wohl soviel wie Erkennbarkeit und Bestimmtheit, das letztere deutet auf die Stabilität der Rechtsordnung hin. Das Stabilitätsinteresse als Rechtssicherheitsinteresse hebt v. Rümelin hervor (er nennt es Rechtsdauerinteresse). Es ist dies ein Interesse an „Fortdauer und Verläßlichkeit einmal begründeter Rechtslagen"[18]).

Das Stabilitätsinteresse steht sowohl rückanknüpfenden Gesetzen als auch jedem sofort einwirkenden Gesetz entgegen, denn diese Gesetze ändern den Bestand der Rechtsordnung.

Bestimmtheitsinteresse, Verkehrssicherheitsprinzip.

Sauer meint, die Rechtssicherheit fordere Normgemäßheit und Gewißheit der Rechtsverwirklichung; Stetigkeit der Rechtsprechung; Staatssicherheit[19]).

Wenn ein Gesetz wegen der Rückanknüpfung nichtig sein kann, besteht Unsicherheit, ob der Richter nach Erlaß eines formell richtig gesetzten, rückanknüpfenden Gesetzes gemäß diesem Gesetz verfahren wird. Diese Unsicherheit verstößt gegen das Bestimmtheitsinteresse und das Verkehrssicherheitsprinzip.

Daraus ergibt sich:

Die Rückanknüpfung von Gesetzen verstößt immer gegen das Stabilitätsinteresse. Auch das vor Erlaß des Gesetzes bestehende Interesse an Voraussehbarkeit staatlichen Handelns wird durch ein rückanknüpfendes Gesetz häufig verletzt. Demgegenüber widerspricht die Unsicherheit, die durch Nichtanwendung des rückanknüpfenden Gesetzes entstände, dem Bestimmtheitsprinzip der Rechtssicherheit. Auch das Interesse der

---

[15]) Rümelin, Rechtssicherheit S. 11; vgl. demgegenüber Jahrreiß, Berechenbarkeit und Recht S. 5, 7, 11, 14, 37 Tafel I: Jahrreiß versteht unter Berechenbarkeit die Voraussehbarkeit der Befolgung einer Norm durch den Normadressaten.

[16]) Rümelin, S. 1; ähnlich Emge, S. 11.

[17]) F. Scholz, DVBl. 1955 S. 241.

[18]) Max Rümelin, Rechtssicherheit S. 11. Dies Interesse meint offenbar der Hess. VGH in seinem Urteil (VerwRspr. 1942 S. 516ff. (518/19) über die nachträgliche gesetzliche Übertragung von Aufgaben der Arbeitsbehörden auf die Hauptfürsorgestellen. Es könne das Vertrauen in das bestehende Recht verletzt werden.

[19]) Sauer, Methodenlehre S. 250/251.

Allgemeinheit an der Verwirklichung eines jeden einmal formell richtig gesetzten Rechtsaktes spielt hier hinein.

Das durch die Rückanknüpfung verletzte Interesse ist also ein anderes als das durch die Nichtigkeitsfolge verletzte Interesse. Die erste der gestellten Fragen ist also zu bejahen.

Ist nun das eine Interesse höher zu bewerten als das andere? Steht das Stabilitätsinteresse generell über dem Bestimmtheitsinteresse? Klein prüft diese Frage nicht. Hier liegt jedoch das Kernproblem. Es kann mit Erwägungen, die im Prinzip der Rechtssicherheit selbst wurzeln, nicht gelöst werden. Letztlich läuft die gesamte Prüfung auf die Abwägung der Interessen des Gesetzgebers an der Rückanknüpfung mit den Interessen der von der Rückanknüpfung Betroffenen hinaus[20]. Daher erscheint die Heranziehung des Prinzips der Rechtssicherheit als Umweg; die Ergebnisse Kleins lassen sich auf die von Klein gegebene Begründung allein nicht stützen.

§ 24 *IV. Artikel 2 des Grundgesetzes.*

Als besonders hart werden die rückanknüpfenden Gesetze auf den Gebieten der Wirtschaftslenkung und des Steuerrechts empfunden. Daher hat sich gerade hier der Streit um die Zulässigkeit der Rückanknüpfung neu entzündet. Es handelt sich bei den in der Literatur angegriffenen Gesetzen auf diesen Gebieten durchweg um Anordnungen, die an Sachverhalte anknüpfen, die im Belieben des einzelnen standen. Es ist daher zu verstehen, daß man als Maßstab für die Zulässigkeit der Rückanknüpfung Normen suchte, die dies „Belieben" schützen. Man glaubte eine solche Bestimmung in Art. 2 GG gefunden zu haben: Mit der Garantie der freien Entfaltung der Persönlichkeit sei die freie Handlungsfähigkeit im erlaubten Rahmen gewährleistet.

Schon früher hatte Lassalle[1]) die „Unvereinbarkeit der Rückwirkung mit dem Menschenrecht der freien Persönlichkeitsentfaltung" angenommen, ohne damals Anklang zu finden.

Art. 2 GG wird heute mit zwei etwas voneinander abweichenden Begründungen herangezogen:

Meyer-Cording führt aus:

Der Zustand dauernder Drohung, es könne ein rückanknüpfendes Gesetz erlassen werden, lähme die Willensfreiheit und gefährde die Betätigung. Dem Menschen werde die „hohe Kraft des Planens und Wagens" durch die ständige Möglichkeit, daß alles umsonst gewesen sei, genommen[2]).

---

[20]) Hess. Staatsgerichthsof in DÖV 1954 S. 312: Der Verfassungsrichter habe abzuwägen, ob die „Bestandsgewähr" oder der „rechtliche Gehalt" einer Normsetzung den Vorzug verdiene. [1]) F. Lasalle, System 1. Teil S. 47.

[2]) Meyer-Cording in JZ 1952 S. 161/177, dem sich Giese in DÖV 1954 S. 321 und Forsthoff in Lehrbuch I 5. Aufl. § 8 S. 131 anschließen; Forsthoff auch in BB 1953 S. 421/423, vgl. auch BGH in VersR 1960 S. 151; zweifelnd dagegen Forsthoff 7. Aufl. § 8 S. 142 Fn. 3.

Ehlers meint:

In Art. 2 Abs. 1 GG sei ein Recht des einzelnen auf den Freiheitsbereich festgelegt, der nicht gegen Rechte anderer oder das Sittengesetz verstoße. Diese Freiheitssphäre sei auch gegenüber dem Gesetzgeber garantiert. Der Gesetzgeber greife mit „rückwirkenden" Gesetzen in diese Freiheitssphäre ein. Er dürfe aber auf keinen Fall mit Gesetzen in diese rechtlich anerkannte Freiheitssphäre eingreifen, die gegen das Sittengesetz verstießen. „Rückwirkende "Gesetze seien sittenwidrig[3]).

Gegen eine Begründung der verbietenden Regel mit Hilfe des Art. 2 Abs. 1 GG führt F. Klein ins Feld[4]): In Art. 2 Abs. 1 GG sei lediglich das aktive Recht zum freien Handeln herausgestellt, und zwar, um seine Abgrenzung zu anderen Rechtsbereichen der gesellschaftlichen Sphäre zu klären. Ein Abwehrrecht gegen staatliche Eingriffe sei in Art. 2 I GG nicht statuiert. Kleins Bedenken gegen den Grundrechtscharakter des Art. 2 I GG teilen Haas und Wehrhahn[5]).

M. E. kommt es für das sogenannte Rückwirkungsverbot auf den Grundrechtscharakter des Art. 2 Abs. 1 GG nicht an; denn schon aus tatbestandlichen Gründen kann ihm ein Verbot gegen die Rückanknüpfung nicht entnommen werden.

Die weiteste Auslegung gibt Wernicke dem Art. 2 I GG: Die Bestimmung garantiere die „allgemeine Freiheit zum Handeln in allen Lebensbereichen"[6]). Geht man von ihr aus, so schützt Art. 2 I GG die freie Willensbetätigung und die Handlungsfreiheit.

Jedes Gesetz, das einen Sollsatz beinhaltet, richtet sich motivierend an den Willen der Betroffenen. Darin liegt kein Eingriff in die Willensfreiheit; denn diese Beeinflussung des Willens ist jedem Gesetz eigentümlich, sie kann daher nicht tatbestandsmäßig für Art. 2 I GG sein. Von der Rechtsfolgeseite des Gesetzes ist ein Eingriff also nicht gegeben. Es bleibt die Tatbestandsseite: Jemand kann Handlungen begangen haben, die nachträglich durch das rückanknüpfende Gesetz unerwünschte

---

[3]) Ehlers, in Der Betrieb 1951 S. 556; derselbe in FR 1953 S. 315/317 und in StW 1953 Sp. 113ff.; vgl. auch OVG Hamburg in JZ 1952 S. 416ff. und BFH in BStBl. 1953 III S. 250ff.

[4]) F. Klein, Monographie S. 41 und StW 1954 Sp. 21, 33 und in Mangoldt-Klein, Kommentar, zu Art. 2 GG, Anm. III 2 a, e; und 5 b; Hoffmann in FR 1954 S. 176; vgl. BFH in BStBl. III 1953 S. 250; FG Stuttgart in DStZ 1953, S. 111ff. — Auch Maunz, Staatsrecht, S. 96 lehnt die Anwendung des Art. 2 GG in diesem Rahmen ab.

[5]) Haas „Freie Entfaltung der Persönlichkeit" in DÖV 1954 S. 70 und ausführlich Wehrhahn in Arch. öff. R. 82. Bd. (1957) S. 250ff. (267 2 c b) und S. 269 3 b; auch Deiting in StW 1955 Sp. 21ff.: gegen die wohl herrschende Meinung, vgl. BVerfGE 6, 32ff. (36, 37, 42); Maunz-Dürig, Art. 2 Absatz 1 Anm. II 1 b, S. 6 Randbem. 5.

[6]) Wernicke in Bonner Kommentar Art. 2 Anm. II 1 a; dagegen faßt Peters (in Festschrift für Laun 1953, S. 669ff., 673 Anm. 15) Art. 2 I GG zwar als Grundrecht auf, aber nur als Formulierung eines Ideals; einzelne Rechtsfälle lägen nur selten in der Ebene dieser Normierung.

Rechtsfolgen auslösen. Insofern könnte ein Eingriff in die Handlungsfreiheit vorliegen.

Knüpft das Gesetz dagegen nicht an Handlungen, also nicht an willensgetragene Vorfälle, seine Rechtsfolgen, so ist ein Eingriff in die Willens- und Handlungsfreiheit nicht denkbar; der nachträglichen Herabsetzung des Großjährigkeitsalters, die allgemein für unzulässig gehalten wird[7]), oder noch klarer: einer nachträglich erhobenen Kopfsteuer, steht also Art. 2 GG schon tatbestandlich nicht entgegen[8]). Ebensowenig kann dieser Artikel angewendet werden, wenn ein nichtiges, aber befolgtes Gesetz nachträglich gesetzlich sanktioniert wird; denn dann hat der Staatsbürger ja bereits so gehandelt, wie das Gesetz es jetzt von ihm verlangt.

Es bleibt also von vornherein nur die Frage, ob Art. 2 GG die Anknüpfung eines ganz neuen Sollens an einen früheren willensgetragenen Sachverhalt verbietet; eine generelle Lösung des Rückanknüpfungsproblems kann von Art. 2 I GG aber niemals erwartet werden.

Die Willensfreiheit kann entweder zur Zeit des Willensaktes beeinträchtigt sein[9]); oder sie wird zu einer späteren Zeit angegriffen, indem später damals gewollte Folgen nicht anerkannt oder damals nicht gewollte Folgen statuiert werden[10]).

Die Willensfreiheit besteht in erster Linie in der Freiheit der Willensentfaltung zur Zeit des Willensaktes. Zu dieser Zeit war das neue Gesetz noch nicht erlassen. Es wirkt auch nicht zurück. Es gilt auch nicht rückwärtshin. Den damaligen Willensakt läßt das rückanknüpfende Gesetz demnach unberührt[11]).

Wenn Meyer-Cording meint, daß die Willensfreiheit z. Z. des Willensaktes durch das Drohen rückanknüpfender Gesetze beeinträchtigt sei, so ist dem entgegenzuhalten, daß dann eben das Drohen, nicht aber das später erlassene Gesetz ursächlich für diese Lähmung der damaligen Willensbetätigung ist. Die Lähmung ist allenfalls final determiniert durch die drohende Rückanknüpfung. Zwischen Rückanknüpfung und damaliger willensmäßiger Lähmung besteht also ein Zusammenhang in der Kategorie der Teleologie. Dieser Zusammenhang reicht aber nicht aus, um einen Eingriff in die Willensfreiheit i. S. des Art. 2 I GG anzunehmen; denn die Lähmung der damaligen Willensbetätigung kann bloß über den

---

[7]) Vgl. Affolter, Geschichte S. 627.

[8]) Vgl. Lasalle's Versuche in seinem System Bd. 1 S. 50ff., überall willensverknüpfte Tatbestände zu konstruieren. Die Versuche mußten scheitern.

[9]) So offenbar Meyer-Cording (vgl. Anm. 2).

[10]) So Ehlers (vgl. Anm. 3).

[11]) Ein ähnlicher Gedanke klingt bei Paulick in seinem Rechtsgutachten S. 39 an: Der Tatbestand der Vergangenheit solle durch die rückanknüpfende Steuer nicht beeinflußt werden. Er diene lediglich als Bemessungsgrundlage . . . „Mag es auch für den Steuerpflichtigen erwünscht sein, bereits bei Verwirklichung des Tatbestandes über die steuerlichen Auswirkungen in vollem Umfang unterrichtet zu sein . . .".

freien Willen des Adressaten erfolgen. Dieser ist nicht gezwungen, seine Willensbetätigung zu beschränken, weil er ein rückanknüpfendes Gesetz erwartet.

Es bleibt zu prüfen, ob die Willensfreiheit durch die rückanknüpfende Neuregelung von Rechtsfolgen verletzt ist, die der Betroffene damals mit seinem Handeln erreichen wollte.

Mit Willensfreiheit ist die Freiheit zur „schöpferischen Tätigkeit“[12]) gemeint, sei sie nun Freiheit des Entschlusses oder auch des Handelns; auch die Handlungsfreiheit ist also Bestandteil dieser weit begriffenen Willensfreiheit. — Mit der Tatbestandsverwirklichung ist die Freiheit ausgenutzt, und der Wille ist danach ganz passiv und tatlos[12]). Nachträgliche Bestimmungen eines Gesetzes, die den Eintritt der einst gewollten Folgen unmöglich machen, greifen somit nicht in die Willensfreiheit ein.[13])

Die Freiheitssphäre menschlichen Wollens wird also durch rückanknüpfende Gesetze lediglich für die Zukunft beschränkt — eine derartige Beschränkung ist jedem Gesetz eigentümlich[14]), man denke an Gesetze über Preisbindungen, Ausfuhrverbote, Devisenbeschränkung u. ä.; auch sie werfen wirtschaftliche Vorausberechnungen über den Haufen. M. E. kommt Art. 2 GG gegenüber rückanknüpfenden Gesetzen deshalb gar nicht zur Anwendung, auch nicht bei Gesetzen, die nachträglich an willensgetragene Sachverhalte Rechtsfolgen knüpfen.

V. Voraussehbarkeit und Meßbarkeit staatlicher Handlungen. § 25

Nach einer neueren Ansicht werden unvorhersehbar rückanknüpfende Gesetze für unzulässig gehalten, weil das Rechtsstaatsprinzip gebiete, daß Rechtsfolgen voraussehbar seien[1]). Nur hilfsweise wird diese Ansicht auf das Prinzip der Rechtssicherheit oder Art. 2 I GG gestützt.

So sieht Hans J. Wolff „die Grenze zulässiger Rückwirkung“ in dem Rechtsstaatsprinzip, „das die Voraussehbarkeit staatlicher Maßnahmen fordert“[2]).

Das Bundesverfassungsgericht verbindet den Gesichtspunkt der Voraussehbarkeit mit Erwägungen zum Eingriff in (wohlerworbene?) Rechte:

---

[12]) Zitelmann, Irrtum und Rechtsgeschäft S. 123.

[13]) Hier liegt freilich ein „Eingriff“ in das Stabilitätsinteresse i. S. Rümelins oder Scholz (oben § 24 Anm. 17, 18) vor.

[14]) Darauf laufen auch die Ausführungen Friedlaenders in StW 1953 Sp. 261ff. (264) hinaus; vgl. Maunz, Staatsrecht S. 96.

[1]) So ohne nähere Begründung Hamann, Kommentar. Einf. I D 1 d (S. 27) und I D 7 a und 8 (S. 50); Franke, Grundsatz S. 150ff., 160: aus der Bindung des Gesetzgebers an den in Art. 2 GG verankerten Grundsatz der Rechtsstaatlichkeit ergäbe sich der Grundsatz der Nichtrückwirkung der unvorhersehbaren Gesetze.

[2]) H. J. Wolff, Verwaltungsrecht § 27 I c 2; vgl. auch das von Maunz, Staatsrecht § 10 II 3 e hervorgehobene Postulat des Rechtsstaats: „Die Meßbarkeit staatlicher Machtäußerung, die zusammen mit den geschriebenen Zuständigkeiten eine Voraussehbarkeit der staatlichen Handlungen bewirkt“.

„Grenzen für die an sich zulässige Rückwirkung können etwa dort gesehen werden, wo ein Gesetz rückwirkende Eingriffe in Rechte oder Rechtslagen der Staatsbürger vornimmt, mit denen dieser in dem Zeitpunkt, von dem sie gelten sollen, nicht rechnen konnte und sie daher bei einer verständigen Vorausschau im privaten und beruflichen Leben nicht zu berücksichtigen brauchte[3]).“

Auch andere Gerichte stellen auf die Voaussehbarkeit des neuen rückanknüpfenden Gesetzes ab; so der Bundesfinanzhof[4]), der Bayer. Verfassungsgerichtshof[5]) und das OVG Hamburg[6]).

---

[3]) BVerfG, Urt. v. 30. 4. 1952 in BVerfGE 1 S. 264ff. (279/280) = JZ 1952 S. 535 = NJW 1952 S. 865 = MDR 1952 S. 538ff. Der Satz trägt die Entscheidung allerdings nicht. Das Urteil ist bestätigt durch Urteil vom 24. 7. 1957 BVerfGE 7 S. 89 = NJW 1957 S. 1395 Nr. 1 = DVBl. 1957 S. 642 und in BVerfGE 2 S. 237ff. (266) = NJW 1953 S. 1017ff. Diesen Urteilen schließt sich Maunz, Staatsrecht S. 96 an. Unter Bezugnahme auf das Urteil vom 30. 4. 1952 erging ein Vorlagebeschluß des BFH vom 9. 7. 1953 an das BVerfG. Der IV. Senat des BFH hält die Einschränkung der Steuervergünstigung des § 7 a EStG durch Art. I Ziff. 4 des am 2. 5. 1950 verkündeten Gesetzes zur Änderung des Einkommen- und Körperschaftssteuergesetzes vom 29. 4. 1950 (BGBl. I S. 95) wegen seiner Rückanknüpfung auf den am 1. 1. 1950 beginnenden Veranlagungszeitraum für verfassungswidrig, weil der Steuerpflichtige mit diesem „rückwirkenden“ Eingriff in seine Rechtslage in dem Zeitpunkt, von dem ab er gelten sollte, nicht rechnen konnte. — Andere Maßstäbe legt dagegen das Urteil des BVerfG vom 16. 10. 1957 (lex Schörner), BVerfGE 7 S. 129 (vgl. oben § 11 Fn. 11) in Leitsatz 4 an: „Ergänzende gesetzliche Regelungen, die Irrtümer des Gesetzgebers mit Rückwirkung beseitigen und Lücken schließen wollen, sind unter bestimmten Voraussetzungen mit dem Grundgesetz dann vereinbar, wenn sie in Rechtspositionen eingreifen, die durch das ergänzte Gesetz (auf dem Gebiete der Sorge für die Wohlfahrt der Bürger — so die Gründe) gewährt waren.“ Der BGH hat sich dem Urteil des BVerfG vom 30. 4. 1952 angeschlossen in BGHZ 18 S. 81ff. = NJW 1955 S. 1553 (1955).

[4]) BFH in BStBl. 1952 III S. 25/26 (vgl. oben § 3 Fn. 7); in StW 1952 Nr. 90; in BB 1953 S. 700; in BStBl. 1953 III S. 321: „Regelungen, die von wesentlicher Bedeutung für die Maßnahmen der einzelnen Steuerpflichtigen und ihrer Unternehmungen sind, müssen nach rechtsstaatlichen Grundsätzen zu einer Zeit getroffen werden, wo sie der Steuerpflichtige bei seinen Maßnahmen berücksichtigen kann.“ Ähnlich auch: BFH in StW 1953 II Nr. 202 = BStBl. 1953 III S. 183ff. und S. 250/255; und S. 317 und 318.

[5]) Bayer. VerfGH: in JZ 1951 S. 637: „Gesetze dürfen nicht Entschlüsse und Berechnungen nachträglich in unberechenbarer Weise umstoßen“; in Bayer. VGHE 5 II S. 243 = DVBl. 1953 Nr. 114 S. 518 = NJW 1953 S. 397: Der Gesetzgeber könne nicht nachträglich unvorhergesehene und unvorhersehbare Gegenleistungen für eine Anstaltsbenutzung bei deren gleichbleibender Leistung auferlegen (Streit über § 1 Ziff. 1 und 3 Satz 2 des rückwirkenden Änderungsgesetzes vom 27. 11. 50 GVBl. S. 245 zum Schulgeld-Freiheitsgesetz. Es wurde nachträglich Schulgeld erhoben!). In anderen Fällen hielt der Bayer. VerfGH die „Rückwirkung“ für begrifflich unmöglich: so in Bayer. VGH 4 II S. 90 = JZ 1951 S. 637 = NJW 1951 S. 637; vgl. aber auch Bd. 5 II S. 243. In Bayer. VGHE n. F. 3 II Nr. 15 S. 129 Leitsätze 2 und 3 = GVBl. 1950 S. 263ff. = DÖV 1951 S. 560 hielt der Bayer. VerfGH ein Gesetz für nichtig wegen Verstoßes gegen Rechtsstaatsgrundsätze, weil das Gesetz bereits abgeschlossene Fälle wieder aufleben lassen würde. Zur Rspr. d. Bayer. VerfGH vgl. im übrigen G. Diller, JZ 1954 S. 15ff. Rechtsstaatsgrundsätze betont

Diese Begründung für die verbietende Regel geht ebenso wie die von Friedrich Klein (oben §§ 22 bis 23) von der Eigenheit rückanknüpfender Gesetze aus, an Sachverhalte anzuknüpfen, die vor der Verkündung des Gesetzes liegen: zu dieser Zeit war das Gesetz in der Regel noch nicht bekannt. Oben (§ 23) ist bereits betont, daß es richtig erscheint, die Voraussehbarkeit zu einem Kriterium eines Verbotes der Rückanknüpfung zu machen.

Man könnte meinen, in der Ansicht Hamanns und Wolffs sei die Bestätigung dessen zu finden, was Klein voraussetzt: daß nämlich das Stabilitätsinteresse und das Interesse an Voraussehbarkeit allen staatlichen Handelns generell das Bestimmtheitsinteresse überwiegen (vgl. oben § 23 am Ende). M. E. ist jedoch eine differenziertere Interessenabwägung nicht zu umgehen. Auch unvorhersehbare Rückanknüpfung erscheint zum Beispiel erlaubt, wenn die Betroffenen sich bei früherem Erlaß des Gesetzes genauso verhalten hätten, wie sie es jetzt ohne Kenntnis der Rückanknüpfung getan haben. Es müssen offenbar weitere Gründe hinzutreten, um bei unvorhersehbar rückanknüpfenden Gesetzen die Nichtigkeit zu bewirken. Hier käme in Betracht, ob das Gesetz etwa bereits erloschene Rechtsverhältnisse wieder aufleben lassen will oder ob es in rechtskräftig abgeschlossene Fälle eingreift. Insoweit bedarf die Vorhersehbarkeit als Schranke offenbar einer Ergänzung.

Infolgedessen kann ein ganz allgemein gehaltener Satz, daß die Voraussehbarkeit die Grenze der Rückanknüpfung bildet, nicht aufgestellt werden.

VI. Treu und Glauben. § 26

Auch Coing[1]) will zum Kriterium der verbietenden Regel machen, ob das rückanknüpfende Gesetz vorhersehbar war.

Er meint, unvorhersehbar rückanknüpfende Gesetze verstießen gegen den Grundsatz von Treu und Glauben[2]): nämlich das Verbot der Arglist und des willkürlichen Wechsels des eigenen maßgeblichen Verhaltens;

auch VGH München in DVBl. 1958 S. 876 = Bayer. VBl. 1958 S. 249 in bezug auf die Rückanknüpfung eines Rechtssatzes.

[6]) OVG Hamburg, 1. Senat, NJW 1953 S. 879. Unvorhersehbarkeit — jedoch unter dem Gesichtspunkt des Art. 2 I GG — sieht der 2. Senat in seinem Beschluß vom 28. 2. 1952 in JZ 1952 S. 416 als Kriterium des Rückanknüpfungsverbots an: Die Rückanknüpfung sei verboten, wenn

1. die Rechtsfolge für den Staatsbürger ungünstig ist,
2. das Gesetz an ein früheres Verhalten anknüpft, das im freien Belieben des Staatsbürgers stand, und wenn
3. das Gesetz z. Z. dieses Verhaltens weder angekündigt noch sonst voraussehbar war.

[1]) H. Coing in BB 1954 S. 137; Coing sieht den Satz von Treu und Glauben als Obersatz zu dem Satz „nulla poena sine lege“ an.

[2]) Ebenso Meyer-Cording, JZ 1953 S. 420, rückwirkende Gesetze verstießen meist gegen Treu und Glauben; auch Bühler-Strickrodt Bd. 1 Hlbbd. 1 S. 102 betonen die Bindung des Gesetzgebers an den Grundsatz von Treu und Glauben im Hinblick auf die Lösung des Rückanknüpfungsproblems.

an den Grundsatz von Treu und Glauben sei auch der Machtträger im Verhältnis zum Gewaltunterworfenen gebunden; das folge aus dem Rechtsstaatsprinzip.

Coing formt drei Verbotstatbestände mit zwei Unterfällen aus, die sich aus dem Grundsatz von Treu und Glauben ableiten lassen sollen:

„Mindestgrundsätze":

1. Verboten sind Gesetze, die mit Rückwirkung die bestehenden gesetzlichen Grenzen zwischen Bürgerfreiheit und Staatskompetenz zum Nachteil des Bürgers verschieben. Hierher gehören:
   a) Gesetze, die nachträglich bestimmte Handlungen des Bürgers, die bisher erlaubt waren, für rechtswidrig oder genehmigungspflichtig (Genehmigungspflicht = Verbot mit Erlaubnisvorbehalt) erklären;
   b) Gesetze, die nachträglich Verwaltungsakte für rechtmäßig erklären, die zur Zeit ihres Erlasses ungesetzlich waren oder deren Gesetzlichkeit zweifelhaft war.

   — In all diesen Fällen werden abgeschlossene Tatbestände im Verhältnis Staat — Bürger nachträglich einer anderen rechtlichen Beurteilung unterworfen. —
2. Verboten sind Gesetze, die nachträglich an Handlungen, deren Vornahme im Belieben des Bürgers gestanden hatte, belastende Folgen knüpfen.
3. Verboten sind Gesetze, die Rechtsgeschäften des Privatrechts, die zur Zeit ihrer Vornahme legal oder wirksam waren, rückwirkend die Rechtswirksamkeit entziehen.

Der Methodik Coing's, bestimmt umrissene Verbotstatbestände zu entwickeln, pflichte ich voll und ganz bei[3]).

Derartige Verbotstatbestände lassen sich jedoch unmittelbar aus dem Rechtsstaatsprinzip entwickeln. An das Rechtsstaatsprinzip ist der Gesetzgeber kraft Art. 20 Abs. 3 GG gebunden. Deshalb erübrigt es sich, die Verbotstatbestände mittels des Grundsatzes von Treu und Glauben zu gewinnen; das erscheint sogar als Umweg; denn die Kraft dieses Grundsatzes, auch den Gesetzgeber zu binden[4]), müßte doch wieder aus dem Rechtsstaatsprinzip entnommen werden.

Zudem paßt der Grundsatz von Treu und Glauben in seiner Ausgestaltung als Arglistverbot auf rückanknüpfende Gesetzgebung nur selten, weil dieses Verbot subjektiv vorwerfbare Einstellung des Handelnden voraussetzt; eine derartige Einstellung ist aber bei dem Gesetzgeber auch in krassen Fällen von Rückanknüpfung nicht ohne weiteres anzu-

---

[3]) Den „Mindestgrundsätzen" selber vermag ich nicht zuzustimmen. Grundsatz 1. b) ist nicht zu halten. Nach Treu und Glauben muß der Staatsbürger es sich gefallen lassen, daß Überhebungen von Pfennigbeträgen nachträglich legalisiert werden; der Grundsatz widerspricht auch der allgemeinen Ansicht zur rückanknüpfenden Nachholung ungültiger Verordnungen (vgl. unten § 34, Fußnote 8). Zeitabschnittsregelungen und Gesetze, die rechtsleere Zeiten überbrücken (z. B. Vakanz zwischen abgelaufenem Preisgesetz und Verlängerungsgesetz), dürften nach den Formulierungen Coings verboten sein, selbst wenn sie der Gerechtigkeit dienen, indem sie die Personen treffen, die schnell in der Zwischenzeit handelten.

[4]) F. Klein in StW 1954 Sp. 34—36 Anm. 141 meint, der Grundsatz von Treu und Glauben könne den Gesetzgeber nicht binden, unter Berufung auf Stödter und Giese. Coing selbst bleibt die Begründung schuldig. Er meint, daß das Prinzip von Treu und Glauben auch für den Gesetzgeber gälte, zeige gerade unser Problem. Hier wird mit dem bewiesen, was zu beweisen ist.

nehmen. Auch in seiner Ausformung: „venire contra factum proprium" kann der Grundsatz von Treu und Glauben rückanknüpfende Gesetzgebung nicht stets verbieten: z. B. dann nicht, wenn der Gesetzgeber vor dem Erlaß des rückanknüpfenden Gesetzes gar nicht „gehandelt" hatte wie bei der Regelung neu auftauchender Fallgestaltungen; denn hier wird ja an Tatsachen angeknüpft, die das alte Recht bisher nicht erfaßt hatte.

Deshalb ist m. E. der Grundsatz von Treu und Glauben zur Begründung der verbietenden Regel nicht heranzuziehen.

VII. Gewaltenteilung. § 27

Allgemein oder nur für Sonderfälle[1]) wird der Standpunkt eingenommen, die aus Art. 20 Abs. 3 GG folgende Bindung des Gesetzgebers an die rechtsstaatliche Ordnung verbiete die Rückanknüpfung insoweit, als Gerichte über die zu regelnde Materie rechtskräftig entschieden haben[2]) oder für die sie sonst allein zuständig sind. So ist das Bundesverfassungsgericht allein zuständig für die Auslegung des Grundgesetzes (Art. 93 Abs. 2 GG). Der neu eingefügte Art. 142 a GG, der das Grundgesetz nachträglich (authentisch?) so interpretiert[3]), daß es den vorher abgeschlossenen Pariser Verträgen nicht entgegenstehe, greift daher in die Zuständigkeit des Bundesverfassungsgerichts ein. Auf diesen Verstoß des nachträglich eingefügten Artikels 142 a GG gegen Art. 93 Abs. 2 GG macht Karl Löwenstein aufmerksam.

Löwenstein geht noch einen Schritt weiter. Er meint, Art. 142 a GG verstoße auch gegen das im Grundgesetz Art. 20 verankerte Prinzip der Trennung der Gewalten. Der Artikel sei zur Regelung eines Einzelfalles ergangen und damit in die Rechtspflegegewalt eingebrochen. Denn er diene dem politischen Zweck, den vor dem Bundesverfassungsgericht schwebenden Rechtsstreit über die Verfassungsmäßigkeit der Pariser Verträge „rückwirkend abzuriegeln". Das halte ich nicht für richtig. Man kann schon bezweifeln, ob es sich bei dem genannten Rechtsstreit um einen Einzelfallstreit handelt. Ein Rechtsstreit über die Gültigkeit eines völkerrechtlichen Vertrages ähnelt eher einem „Normenkontrollverfahren", an dessen Ende kein Einzelfallurteil, sondern ein Urteil mit genereller Wirksamkeit steht. Auch abgesehen hiervon kann Art. 142 a GG nicht als Einzelfallregelung angesehen werden. Dem Wortlaut nach wie auch materiell regelt Art. 142 a GG eine unbestimmte Vielzahl zukünftiger Fälle. Denn in jedem Streit über die Gültigkeit und Auslegung der Pariser Verträge ist Art. 142 a GG heranzuziehen. Die Pariser Verträge gelten infolge Transformation als innerstaatliches Recht. Sie spielen beispielsweise in Tausenden von Landbeschaffungsfällen gemäß § 64

---

[1]) U. Meyer-Cording in JZ 1952 S. 161ff. einerseits; K. Löwenstein in DÖV 1954 S. 388 andererseits.

[2]) Ein Beispiel bringt Meyer-Cording in JZ 1952 S. 419.

[3]) oder es abzuändern sucht.

Landbeschaffungsgesetz eine bedeutende Rolle. Wenn in den Enteignungsverfahren nach dem Landbeschaffungsgesetz die Eigentümer ehemals requirierter, jetzt weiter in Anspruch genommener Grundstücke immer wieder geltend machen, die Streitkräfte benötigten ihre Grundstücke gar nicht dringend, wird ihnen entgegengehalten, die Bundesrepublik Deutschland habe in Art. 48 des Truppenvertrages den beteiligten Mächten deren Requisitionsbesitzstand garantiert; die deutschen Behörden könnten daher, abweichend von allen übrigen Enteignungsverfahren in der Bundesrepublik, nicht überprüfen, ob ein überwiegendes Bedürfnis für die Enteignung vorliege. Gleichwohl seien diese Enteignungsverfahren mit dem Grundgesetz vereinbar (Art. 142 a GG).[4])

Der Gesichtspunkt der Gewaltenteilung ist aber für gewisse Fälle im Auge zu behalten.

§ 28 *VIII. Art. 19 Absatz 1 Satz 1 GG.*

Hildegard Krüger führte gegen die Rückanknüpfung der Lex Schörner dreierlei an[1]): 1. Rückanknüpfende Gesetze seien mit dem W e s e n d e s R e c h t s, die Betroffenen zu motivieren, unvereinbar[2]); 2. rückanknüpfende Gesetze, die in Grundrechte eingriffen, verstießen gegen Art. 19 I 1 GG, da sie Einzelfallgesetze seien und ihnen die Allgemeinheit mangele, und 3. rückanknüpfende Gesetze verstießen gegen den Gleichheitssatz[3]).

Zu diesen drei Thesen habe ich an anderer Stelle ausführlich Stellung genommen[4]).

Zu 1. Das erste Argument ist nicht richtig, weil der Motivationsprozeß durch den Sollsatz eines Gesetzes ausgelöst wird; auch bei rückanknüpfenden Gesetzen gilt der Sollsatz nur für die Zukunft, das rückanknüpfende Gesetz kann also motivieren wie jedes andere[5]).

---

[4]) Arndt in DVBl. 1958 S. 120ff. (123/4) meint, die Rückanknüpfung von Verfassungsbestimmungen sei gänzlich unzulässig, weil die Verfassung dem Bürger als unverbrüchliche Vertrauensgrundlage diene.

[1]) Hild. Krüger in DVBl. 1955 S. 758ff. und 791ff. unter D.

[2]) Ähnlich Tietz in NJW 1951 S. 468ff.

[3]) Paulick in Rechtsgutachten S. 34, Anm. 6 zitiert eine Entscheidung des Schweizerischen Bundesgerichtshofs, Staatsrechtliche Kammer für Beschwerden wegen Verletzung von Art. 4 BV, v. 3. 10. 1951: Ständige Rechtsprechung sei es, daß eine Rückwirkungsklausel speziell in Steuergesetzen nur dann zulässig sei, wenn die Rückwirkung in zeitlicher Beziehung mäßig sei, zu keinen stoßenden Rechtsungleichheiten führe und sich auf beachtenswerte Gründe stützen könne.

[4]) In DBVl. 1956 S. 395.

[5]) Etwas anderes gilt nur (siehe unten § 32), wenn ein Gesetz „Normen" im Sinne Bindings (Normen und ihre Übertretung; zur Rückanknüpfung: S. 6 Anm. 4) enthält. Derartigen Normcharakter hat die Lex Schörner aber nicht. Zwar will Hild. Krüger das nicht gelten lassen (DVBl. 1956 S. 399, Schlußwort zu 1.). Aber sie muß selbst zugeben, daß ihre Konstruktion gekünstelt wirkt und das BVerfG hat Hild. Krüger in seinem Urteil zur Lex Schörner nicht recht gegeben (BVerfGE 7 S. 129 = NJW 1957 S. 1757 = ZBR 1957 S. 359 mit Anm. von Giese S. 399).

Zu 2. Das zweite Kriterium ist beachtlich, gilt aber nur für „Stichtaggesetze", weil die Klauselgesetze sich an alle wenden[6]; ich werde hierauf unten § 31 zurückkommen.

Zu 3. Das dritte Argument, rückanknüpfende Gesetze verstießen gegen den Gleichheitssatz, halte ich — bei den Klauselgesetzen — je nach der Interessenlage für richtig[7]. Die Begründung, die Frau Krüger durch Verweisung auf Ipsen[8] für ihre Ansicht gibt, ist jedoch nicht schlüssig[9]; denn Ipsen führt nur aus, daß es möglich sei, die Zulässigkeit der Rückanknüpfung auch unter Berufung auf den Gleichheitssatz in Zweifel zu ziehen, soweit „die Rückwirkung zu Ungleichheit" führe.

Zweites Kapitel: Eigene Meinung.

A. Methode

§ 29

Nach dem bisher Gefundenen sind folgende Gesichtspunkte für die Begründung der verbietenden Regel wesentlich: Analogie zu Art. 103 Abs. 2 GG; Enteignung; das Rechtsstaatsprinzip, das Voraussehbarkeit belastender Rechtsfolgen gebietet; das Prinzip der Gewaltenteilung; Art. 19 Abs. 1 Satz 1 und Art. 3 Abs. 1 GG.

Keiner dieser Gesichtspunkte eröffnet den Blick auf alle Fragen, die sich aus der verbietenden Regel ergeben. Jeweils mußte festgestellt werden, daß diese oder jene Fallgruppe unter dem gerade behandelten Gesichtspunkt nicht zu erfassen war oder erheblich erscheinende Momente unberücksichtigt blieben. Es gibt keine einheitliche Begründungsmöglichkeit für die verbietende Regel[1].

Der Versuch Verviers[2], mit Hilfe der temporalen Kollisionsregeln (lex posterior derogat legi priori, lex specialis derogat legi generali) zu einer einheitlichen Lösung der „Rückwirkungsfragen" zu gelangen, mußte scheitern. Denn es fehlt bei der Rückanknüpfung an einer Kollision zwischen neuem und altem Recht. Im Rückanknüpfungszeitraum galt, wie oben nachgewiesen wurde[3], nur das alte Recht; das neue Recht

---

[6] Vgl. oben § 11 a. E. Hild. Krüger beschränkte im Schlußwort a. a. O. ihre Behauptung, rückanknüpfende Gesetze gälten nicht allgemein, (DVBl. 1955 S. 760) auf die Lex Schörner; hinsichtlich dieses Gesetzes möchte ich ihr zustimmen, obwohl das BVerfG in seinem Urteil zur Lex Schörner BVerfGE 7 S. 129ff (151) in den Gründen ausführte, die Lex Schörner sei kein Einzelpersongesetz (die Gründe tragen aber insoweit nicht die Entscheidung).

[7] Vgl. unten § 38.

[8] Ipsen in Neumann-Nipperdey-Scheuner, Grundrechte II S. 167.

[9] Statt das zuzugeben, führt Hild. Krüger im Schlußwort fälschlich aus, sie habe (nur) behauptet, die Lex Schörner verstoße gegen den Gleichheitssatz und dagegen hätte ich mich gewandt.

[1] Forsthoff, Lehrbuch § 8 S. 141: Es gälte heute, differenzierte Rechtsgrundsätze zu gewinnen; Enneccerus-Nipperdey, § 61 II S. 353.

[2] Vervier, Rechtswechsel, nimmt im wesentlichen zur deutenden Regel Stellung.

[3] Oben § 5 zu Fußnoten 2 und 3; § 6 namentlich in und zu Fußnote 12.

gilt erst seit dem Zeitpunkt seines Erlasses (seiner Verbindlichkeit). — Es gilt auch nicht allgemein ein Satz des Inhalts, Rückanknüpfung sei nur erlaubt zur Beseitigung von Krisenzuständen[4]) oder von sonstigen sozialen Fehlentwicklungen[5]); denn ein so weitgehender Satz verböte, ganz unbedeutende, auf Grund einer ungültigen Rechtsgrundlage erlassene Verwaltungsakte nachträglich zu sanktionieren[6]). Auch wären begünstigende rückanknüpfende Gesetze unstatthaft, wenn sie keine Maßnahmen zur Beseitigung von Krisen oder sozialen Fehlentwicklungen beinhalten. Das hätte beispielsweise zur Folge: Die Anwendung mildernder rückanknüpfender Strafgesetze gemäß § 2 a Abs. 2 StGB wäre ausgeschlossen; eine Regelung, wie sie in § 51 Abs. 3 des Testamentsgesetzes vom 31. 7. 1938 und in § 215 II EGBGB getroffen war (nachträgliche Erleichterung der Formvorschriften für Testamente) dürfte nicht erfolgen usw.

Es muß daher ein System entwickelt werden, um die verschiedenen Spielarten von rückanknüpfenden Gesetzen gemäß ihren Eigenarten zu erfassen. Aus dem System muß zu ersehen sein, bei welchen Eigenarten ein rückanknüpfendes oder sofort einwirkendes Gesetz unter welchen Verbotstatbestand fällt. Deshalb muß in systematischer Weise eine Verbindung zwischen den Eigenheiten „rückwirkender" Gesetze und ihren Grenzen (Verbotstatbeständen) aufgezeigt werden. Eine derartige Verbindung kann sich nur aus typischen Interessenlagen[7]) ergeben, die bei gewissen Besonderheiten rückanknüpfender oder sofort einwirkender Gesetze eintreten[8]) und zu bestimmten Verbotstatbeständen führen. Dabei wird es das Ziel sein, die festgestellten Interessenlagen lediglich als Mittel zum Zweck zu benutzen, nämlich eine Verbindung zwischen den Eigenarten der „rückwirkenden" Gesetze und den Verbotstatbeständen zu schaffen, schließlich aber eine Subsumtion der nach ihren Beson-

---

[4]) Vgl. Giese in DÖV 1954 S. 321f.: „. . . in Krisen und Notzeiten . . ."

[5]) Zu denken ist an die Ausführungen von Forsthoff über Maßnahmegesetze. Stichtaggesetze sind m. E. als Maßnahmegesetze zu qualifizieren, vgl. §§ 13 und 31.

[6]) Im Jahre 1950 stellte ein findiger Kopf fest, daß die englische Post seit mehr als 50 Jahren ohne gültige Rechtsgrundlage Postgebühren eingezogen hatte; die Postgebührenordnung hatte dem Parlament nicht vorgelegen. Hier muß eine nachträgliche Heilung möglich sein.

[7]) Interessen sind begrifflich nur „Zweckbeziehungen", Eisler Wörterbuch der philosophischen Begriffe, Bd. 1 unter Interessen. „Interesse" soll hier umfassend gebraucht werden als Anteilnahme eines Subjekts an einem anderen Menschen oder an einer Sache. Grundsätzlich ist mit „Interesse" in dem Folgenden das objektive (wahre) Interesse gemeint. Ich folge in der Terminologie Hans J. Wolff, Verwaltungsrecht I § 29.

[8]) Bei der Erarbeitung der jeweiligen Interessenlagen darf man vor differenzierten Unterteilungen nicht zurückschrecken; denn hohe Individualgerechtigkeit ist nur zu erreichen, wenn die Erscheinungen der Rechtswelt in ihren Einzelheiten erfaßt werden, Müller-Erzbach, Rechtswissenschaft im Umbau, S. 31. Vgl. auch H. J. Wolff in Festschrift für Wilh. Sauer, S. 119, wo ausgeführt wird, daß der Gesetzgeber sich nur auf typische Interessenlagen beziehen könne. Wenn aber der Typus nicht geschickt gewählt sei, so fehle es an der Individualgerechtigkeit.

derheiten eingeteilten rückanknüpfenden und sofort einwirkenden Gesetze unter die ermittelten Verbotstatbestände zu ermöglichen, ohne im Ergebnis die Subsumtion noch von der Interessenlage beim einzelnen Gesetz abhängen zu lassen[9]).

Die Lösung wird mithin auf einem Wege erstrebt, der von den gefundenen Besonderheiten rückanknüpfender und sofort einwirkender Gesetze ausgeht, zu den typischen Interessenlagen führt und durch Subsumtion unter ermittelte Verbotstatbestände zum Ziele zu kommen sucht.

Aus der Erkenntnis, daß es keine einheitliche Begründungsmöglichkeit für die verbietende Regel gibt und daß namentlich auch kein überpositives Verbot für rückanknüpfende oder sofort einwirkende Gesetze besteht, folgt fernerhin: Die Verbotstatbestände im Rahmen der verbietende Regel können nur aus dem Grundgesetz und dem in diesem verankerten Gebot zur Rechtsstaatlichkeit gefunden werden. Die Souveränität des Gesetzgebers, die bis etwa zum Jahre 1950 in Deutshland als hinreichender Grund für die Zulässigkeit jeder „Rückwirkung" angesehen wurde, ist heute insofern eingeschränkt. Für jedermann bzw. für jeden Deutschen wird ein bestimmter Rechtskreis gegenüber staatlichen Eingriffen gewährleistet. Den Rechtskreis des einzelnen zu erweitern, ist dem Gesetzgeber dagegen unbenommen — wenn nicht letztlich dadurch andere benachteiligt werden[10]). Insofern kann kein Verbot der Rückanknüpfung oder sofortigen Einwirkung bestehen.

Daher können unter die verbietende Regel nur „belastende rückwirkende" Gesetze fallen. Gegen die Rückanknüpfung oder sofortige Einwirkung begünstigender Gesetze sind Bedenken nicht zu erheben. Diese Rechtssituation ist, soweit ersichtlich, bisher sowohl von der Rechtsprechung als auch von der Rechtslehre einhellig als Ausgangsposition anerkannt worden[11]). So werden rückanknüpfende mildere

---

[9]) . . . wenn nicht der Verbotstatbestand seinerseits eine Interessenabwägung erheischt.

[10]) Bühler-Strickrodt (S. 102) machen darauf aufmerksam, daß die einseitige steuerliche Begünstigung des einen Bürgers infolge der damit verbundenen Verschiebung der wirtschaftlichen Ausgangsposition mitunter erhebliche belastende Wirkungen für andere Bürger hervorrufen kann. M. E. würde eine derartige Bevorzugung einer Gruppe von Bürgern nun nicht gegen den Grundsatz von Treu und Glauben verstoßen, wie Bühler-Strickrodt annehmen, sondern allenfalls den Gleichheitssatz verletzen — dann nämlich, wenn im Wesentlichen gleichartige Sachverhalte ungleich geregelt werden. Geschieht die einseitige Begünstigung rückanknüpfend, so ist die Begünstigung gleichwohl nicht wegen der Rückanknüpfung, sondern allein wegen des Verstoßes gegen den Gleichheitssatz angreifbar (vgl. unten § 33 zu 2.).

[11]) Das Bundesverfassungsgericht fordert für die verbietende Regel den Eingriff in Rechte oder Rechtslagen — wodurch rückanknüpfende Verfahrens- und Zuständigkeitsregeln sowie begünstigende Gesetze von der verbietenden Regel ausgeklammert werden. Ausdrücklich von belastenden Gesetzen spricht neuestens Bayer. VGHE n. F. 7 I S. 12ff. (rückanknüpfende Anstaltsordnung); aus der Rechtslehre sei verwiesen auf Werner Weber in AöR Bd. 77 S. 78ff. (83/84): unproblematisch sei die „rückwirkende Zuteilung von Vorteilen ohne Belastung Dritter . . ."; Franke, Grundsatz S. 152—154, 156; Wolff, Lehrbuch § 27 I c 2, S. 109.

Strafgesetze auch heute für zulässig erachtet (§ 2 a Abs. 2 StGB), obwohl das Verbot, neues Strafrecht auf vorher begangene Straftaten anzuwenden, im Grundgesetz und in anderen Verfassungen (vgl. oben § 17) seinen Niederschlag gefunden hat[12]). In der folgenden Untersuchung zur verbietenden Regel bleiben die begünstigenden Gesetze daher außer Betracht.

Ich verstehe unter „belastenden "Gesetzen diejenigen, welche für die Adressaten des Rechtssatzes eine neue Pflicht statuieren oder eine Gewährung des alten Rechts aufheben;[13]) begünstigende Gesetze heben eine bisher bestehende Pflicht auf oder enthalten eine Gewährung. Unter Gesetz ist hier nicht eine Normgesamtheit, sondern nur der einzelne, selbständige Rechtssatz im Sinne des Art. 2 EGBGB („Norm") gemeint; das Lastenausgleichsgesetz enthält somit belastende und begünstigende „Gesetze": denn es statuiert in einigen seiner Rechtssätze Ausgleichspflichten, in anderen Berechtigungen und sonstige Gewährungen.

Auf die Wirkung des Gesetzes für Nichtadressaten kommt es bei der Unterscheidung von belastenden und begünstigenden Gesetzen nicht an[14]). Eine andere Frage ist es, ob etwa der von einer Begünstigung ausgeschlossene Nichtadressat die Gleichbehandlung mit dem begünstigten Adressaten aus Gründen der Rechtssetzungsgleichheit verlangen kann.

Die Unterscheidung belastender und begünstigender Gesetze kann im Einzelfall Schwierigkeiten bereiten[15]). Nach § 64 (3) Landbeschaffungsgesetz vom 23. 2. 1957 (LBG) erfolgt jetzt die Berechnung der Besitzeinweisungsentschädigung ab 5. 5. 1955; bisher erhielten die Betroffenen Entschädigungen nach besatzungsrechtlichen Bestimmungen; für manche Betroffenen sind die alten, für manche die rückanknüpfenden neuen Regelungen günstiger. Diese Schwierigkeiten können aber durch Auslegung des neuen Gesetzes gemeistert werden. Es besteht kein Anlaß, wegen derartiger Schwierigkeiten die Unterscheidung zwischen begünstigenden und belastenden Gesetzen aufzugeben.

Außer Betracht bleiben auch die reinen Ergänzungsnormen, wie Definitionsnormen (und authentische Interpretation[16])), Organisationsvor-

[12]) Für zulässig wird sogar allgemein gehalten, daß rückanknüpfende Gesetze in rechtskräftige Urteile eingreifen, sofern sie den Verurteilten begünstigen und niemanden belasten. Vgl. § 18 d. ZustErgG v. 7. 8. 1952 und BVerwG Urt. v. 17. 12. 1959 DVBl. 1960 S. 324.

[13]) Vgl. oben § 4; v. Turegg, Lehrbuch des Verwaltungsrechts, 3. Aufl., Berlin 1956, S. 69, spricht von „belastenden Gesetzen, die in subjektive Rechte eingreifen oder sie gar aufheben . . ."

[14]) Zweifelhaft kann im Einzelfall sein, wer Adressat eines Gesetzes ist. Regelt beispielsweise das Gesetz über die (nachträgliche) Anerkennung freier Ehen rassisch und politisch Verfolgter vom 30. 6. 1950 (BGBl. I 226) auch die Stellung der Erben ? Vgl. hierzu die Urteile BGHZ 22 S. 65 = NJW 1957 S. 57 und Bayer. VGH in NJW 1957 S. 315ff. mit Anm. von Tietgen.

[15]) Die Schwierigkeit, zwischen begünstigenden und belastenden Steuergesetzen zu unterscheiden, zeigt auch Hary George auf in Wirtschaftspolitik durch Steuermaßnahmen am Beispiel der Berliner Steuerpräferenzen, StW 1959 I Sp. 651ff.: Wenn Steuerprivilegien für eine Sitzverlegung nach Berlin „rückwirkend" wieder entzogen werden, liegt eine Belastung vor.

[16]) Vgl. aber unten § 46.

schriften[17]) und ähnliches, weil sie nicht selbst belastend wirken, sondern nur im Rahmen anderer Sollenssätze Bedeutung erlangen.

Rückanknüpfende Gesetze berühren andere Interessen als sofort einwirkende Gesetze. Deshalb wird die Untersuchung von vornherein beide Gesetzesgruppen trennen müssen. Da der Rückanknüpfung im Rahmen der verbietenden Regel hervorragende Bedeutung zukommt, wird sie zunächst behandelt.

B. Interessenlage und Verbotstatbestände bei — belastenden — rückanknüpfenden Gesetzen.

I. Feststehender Adressatenkreis und feststehende Fälle.

a) Interessenlage. § 30

Eine Besonderheit rückanknüpfender Gesetze ist es, daß bei ihnen der Adressatenkreis und die von ihnen erfaßten Fälle von vornherein feststehen (oben §§ 9 und 11). Aus dieser Besonderheit ergibt sich folgende Interessenlage:

Zunächst sollen die Interessen des Gesetzgebers[1]) aufgezeigt werden.

Das Feststehen des Adressatenkreises schon bei Gesetzeserlaß kann dem Gesetzgeber erwünscht sein, um den Adressatenkreis überschaubar zu machen. Das ist wichtig bei Gesetzen, die der Bedarfsdeckung dienen und bei denen genau gesteuert werden muß, welche Mittel für einen bestimmten Bedarf aufgebracht werden sollen. Als Beispiel kann das Investitionshilfegesetz dienen, das die Investitionspflicht relativ weniger pflichtiger Unternehmen an eine Vermögenslage zu einem vergangenen Stichtag knüpfte. Dadurch konnte der Gesetzgeber die Auswahl der Unternehmen auf die benötigte Summe abstimmen.

Das Feststehen des Adressatenkreises ermöglicht es, die Rechtsfolge auf bestimmte Personen zu münzen, ohne Gefahr zu laufen, diese Rechtsfolgen auch auf andere anwenden zu müssen (z. B. nachträgliche Nichtigerklärung einer Landratswahl[2])). Schließlich kann das Feststehen der geregelten Fälle und des Adressatenkreises für den Gesetzgeber eine zwar unerwünschte, aber notwendige Folge seiner Regelung sein: der Wohnraumengpaß zwang zum ersten Bundesmietengesetz, dessen Adressatenkreis durch seine Eigenschaft, Althausbesitz, notwendig starr war. Oder es kommen Einmaligkeiten vor; z. B. Landeskirchen, Notenbanken, deren Entwicklung einen individuellen Eingriff erfordert.

Für die Betroffenen bedeutet die Fixierung des Adressatenkreises bei Erlaß des Gesetzes, daß gerade sie und nicht „alle“ dem neuen Gesetz unterworfen werden.

---

[17]) Vgl. aber § 41 Fn. 1.

[1]) Ich gebrauche den Ausdruck „Gesetzgeber“ im Folgenden als Kurzausdruck sowohl für den Träger des Gesamtwillens der gesetzgebenden Gewalt hinsichtlich eines erlassenen Gesetzes als auch für den — gedachten — Träger von Allgemeininteressen in bezug auf ein neues Gesetz.

[2]) Dieses Beispiel ist dargestellt in § 10 zu Fußnoten 9 und 10.

In einem demokratischen Rechtsstaat hat der einzelne ein Interesse daran, nicht mit besonderen, anderen nicht auferlegten Pflichten belastet zu werden. Wenn ein Sollen nur für einen feststehenden Adressatenkreis, also bestimmte oder doch bestimmbare Personen, statuiert wird, kann dieses Interesse verletzt sein. Wird eine bestimmte Rechtsfolge durch Gesetz für einen bestimmten Personenkreis ausgesprochen, so kann darin eine „Einzelmaßnahme" liegen, die als Verwaltungsakt vom Adressaten im Rechtsweg angegriffen werden könnte, im Gewande eines Gesetzes aber unanfechtbar scheint und allenfalls dem Verfassungsgericht unterbreitet werden kann.

§ 31 b) Verbotsbestimmungen.

Als Verbotstatbestände könnten in Frage kommen: Art. 19 Abs. 1 Satz 1 und Art. 3 Abs. 1 GG.

Es sollen zunächst grundrechtseinschränkende Gesetze behandelt werden, für die Art. 19 Abs. 1 S. 1 GG gilt.

Art. 19 Abs. 1 Satz 1 GG gestattet Grundrechtseinschränkungen nur durch Gesetze, die allgemein und nicht nur für den Einzelfall gelten. Wenn damit generelle und abstrakte Gesetze für Grundrechtseinschränkungen gefordert werden, so fragt es sich, in welcher Bedeutung: nur in formaler oder auch in materieller Hinsicht[1]?

In der Zeit der Weimarer Reichsverfassung wurde der Standpunkt vertreten, für generelle und abstrakte Gesetze sei die Formalstruktur entscheidend[2]; überträgt man diese Ansicht auf Art. 19 I 1 GG[3]), so würde Art. 19 I 1 GG als Verbotsnorm für rückanknüpfende Grundrechtsbeschränkungen ausscheiden; denn ihrer Formalstruktur nach unterscheiden sich rückanknüpfende Gesetze von anderen Gesetzen nicht. Bei der heutigen Gesetzestechnik weist auch der materielle Individualeingriff eine generelle und abstrakte Formulierung auf[4]).

Aber ist diese Beschränkung des Art. 19 I 1 GG auf die Formalstruktur der Gesetze zutreffend? „Mit Art. 19 I 1 GG wird der von der Staatsrechtslehre des Spätkonstitutionalismus sogenannte ‚materielle Gesetzesbegriff' wieder aufgenommen, der mit der ‚Freiheit = und Eigentumsformel' umschrieben wird."[5]) Dieser Gesetzesbegriff war ein Schutzbegriff, gebildet zur Abwehr obrigkeitlicher Einzeleingriffe. In Art. 19 I 1

---

[1]) Vgl. oben § 11 Fußnote 3.

[2]) W. Jellinek in Gesetz, Gesetzesanwendung S. 149.

[3]) Forsthoff, Maßnahmegesetze S. 223 meint, z. B. „Maßnahmegesetze", also ad-hoc-Regelungen, verstießen nicht gegen Art. 19 I 1 GG; daraus ist zu schließen, daß Forsthoff Art. 19 I 1 GG nur als formale Schranke sieht; der BGH (BGHStr. 4 S. 375 (377) = DVBl. 1953 S. 370 = VerwRspr. 5 Nr. 138) hält Art. 19 I 1 GG für eine Schranke „verfahrensmäßiger Art".

[4]) F. Klein in VVdStL S. 68 (Diskussionsbeitrag), Hild. Krüger, DVBl. 1955 S. 762; aber auch Forsthoff übersieht das nicht, Maßnahmegesetze S. 223; vgl. oben § 11 bei Fußnoten 3/4.

[5]) C. F. Menger in VVdStL S. 29 Anm. 94.

GG ist dieser Schutzbegriff zum verfassungsrechtlich garantierten Verbotstatbestand ausgebaut worden. Art. 19 I 1 GG erfüllt diese Schutzfunktion nur, wenn man der Verfassungsbestimmung einen materiellen Gehalt beilegt.

Art. 19 I 1 GG fordert also für grundrechtseinschränkende Gesetze mehr als bloßes generelles und abstraktes Gewand, und nicht nur eine gewisse Formalstruktur.[6])

Hild. Krüger[7]) und mit ihr Hamann[8]) und Klein[9]) sind der Ansicht, daß „verborgene“[10]) Einzelpersonengesetze wegen Art. 19 I 1 GG Grundrechte nicht einschränken dürften, d. h. solche, die wie generelle (abstrakte) Gesetze aussehen, aber in Wahrheit nur für bestimmte Personen gelten. Hild. Krüger erklärte ausdrücklich[11]), sie halte alle rückanknüpfenden Gesetze, (die Grundrechte einschränken) wegen Art. 19 I 1 GG für verfassungswidrig, weil sie nicht unbestimmt viele Fälle und Adressaten träfen.

Ich habe schon oben § 10 und in DVBl. 1956 S. 396 nachgewiesen, daß die Klauselgesetze sowohl generell als auch abstrakt im materiellen Sinne sind; sie regeln begrifflich unbestimmt viele Fälle und sprechen unbestimmt viele Adressaten an. Diese rückanknüpfenden Gesetze können also so gut wie andere Gesetze Grundrechte einschränken. Sie scheiden daher aus der Betrachtung aus.

Bei Stichtaggesetzen liegt es anders. Diese treffen ausschließlich einen von vornherein feststehenden und damit starren Kreis von Adressaten und Sachverhalten; sind nun jedem Stichtaggesetz die Eigenschaften generell und abstrakt i. S. des Art. 19 I 1 GG abzusprechen?

Zunächst darf einmal auf die Folgen hingewiesen werden, die sich ergeben, wenn man die gestellte Frage bejaht: Das Gesetz über den Ablauf der durch Kriegs- oder Nachkriegsvorschriften gehemmten Fristen vom 29. 2. 1950 (ergänzt durch Gesetz vom 30. 3. 1951) wäre verfassungswidrig, da es nur schwebende (also bestimmbare) Fälle betraf und in Grundrechte eingriff[12]). Das Erste Bundesmietengesetz, das eine Regelung für eine feststehende Zahl von Althausmietverhältnissen enthielt[13]), verstieße gegen Art. 19 Abs. 1 Satz 1 GG. Alle Bodenreform-

---

[6]) Vgl. Bonner Kommentar, Erläuterung II 1 e zu Art. 19: „Sachliche Gültigkeitsvoraussetzung.“

[7]) DVBl. 1955 S. 760.

[8]) Hamann, Kommentar zum Grundgesetz, Einführung I D 7 a 2.

[9]) Klein in v. Mangoldt-Klein, Grundgesetz Art. 19, Erl. III 2 c letzter Absatz, ist der Ansicht, das Grundgesetz verbiete nur „Individualgesetze“, nicht dagegen Einzelfallgesetze (hierzu auch Vorbem. B XV 8 b, 4. Abs.).

[10]) Vgl. oben § 10 Anm. 5.

[11]) In DVBl. 1955 S. 791f., vorsichtiger in Schlußwort zu meinen Ausführungen in DVBl. 1956 S. 399 (vgl. § 28 Fußnote 6).

[12]) Soweit es die Geltendmachung von Forderungsrechten hinauszögerte, griff es in Rechte ein, die Art. 14 GG schützt.

[13]) Gesetz über Maßnahmen auf dem Gebiete des Mietpreisrechts vom 27. 7. 1955.

gesetze[14]), die nach Inkrafttreten des Grundgesetzes erlassen wurden, wären wegen Art. 19 I 1 GG nichtig. Schließlich — und hieraus ergibt sich m. E. die Lösung der Frage — wären im Grunde genommen alle auf Grund von Art. 15 GG erlassenen Gesetze verfassungswidrig nach Art. 19 I 1 GG, da immer nur bestimmter Grund und Boden, bestimmte Produktionsmittel usw., also nie begrifflich unbestimmt viele Fälle von derartigen Gesetzen erfaßt werden können.

Aber Art. 15 GG ist selbst Bestandteil der Verfassung. Gesetze, die sich in seinem Rahmen halten, müssen auch nach Art. 19 I 1 GG zulässig sein. Art. 19 I 1 GG muß mithin so ausgelegt werden, daß unter Umständen auch ein bestimmter Kreis von Fällen geregelt, bzw. bestimmte Personen getroffen werden dürfen. Deshalb kann die Auslegung des Art. 19 I 1 GG nicht dahin gehen, es müßten begrifflich unbestimmt viele Personen und Fälle betroffen werden.

Aber wie ist die Grenze in Art. 19 I 1 GG zu ziehen?

Heißt generell in dieser Verfassungsbestimmung vielleicht statt „begrifflich unbestimmt viele" — „*praktisch* unbestimmt viele" im Sinne einer tatsächlichen, menschlichen Unkenntnis des Adressatenkreises? Das heißt, verbietet Art. 19 I 1 GG nur solche grundrechtseinschränkenden Gesetze, die sich an eine tatsächlich überschaubare Personengruppe wenden?

Dann wären das LAG und das oben genannte Gesetz über die Hemmung gewisser Fristen „allgemein geltende" Gesetze i. S. des Art. 19 I 1 GG. Aber das Investitionshilfegesetz wäre kein allgemein geltendes Gesetz, und die Bodenreform- und Sozialisierungsgesetze wären es auch nicht; denn die betroffenen größeren Güter und die in Frage kommenden Produktionsbetriebe sind sehr wohl praktisch bestimmbar und überschaubar — besonders, wenn ein einzelnes Land oder ein Stadtstaat solche Gesetze erläßt. Gegen diese Lösung spricht also wieder das Grundgesetz selber, das in Art. 15 GG derartige Gesetze zulassen will. Es muß mithin eine andere Lösung gesucht werden.

Ich möchte von folgenden Thesen ausgehen:

1. Es gibt Rechtssätze, die einzig und allein für einen bestimmten, oft auch menschlich überschaubaren Kreis von Personen und Fällen passen; derartige Rechtssätze sind häufig das einzige Mittel, Krisenzustände oder soziale Fehlentwicklungen zu beseitigen.
2. Die These zu 1. ist als vorgegebenes Faktum hinzunehmen[15]). Nicht jede Maßnahme oder Regelung kann deshalb unterbleiben, weil sie nur einen bestimmten Personenkreis angehen kann[16]).

[14]) Forsthoff meint, Bodenreformgesetze wären nur dann verfassungswidrig, wenn sie „willkürlich" seien (Maßnahmegesetze S. 226 Anm. 8).

[15]) Im Anschluß an Forsthoff, Maßnahmegesetze; vgl. den Verfasser in DVBl. 1956 S. 399.

[16]) Nawiasky, Allgemeine Staatslehre, Staatsrechtslehre Bd. 4 S. 84, § 8 Z. 11, meint, ausnahmslos ließe sich das Postulat allgemeiner Geltung der Gesetze nicht durchführen. Es gebe Einmaligkeiten, für die Individualgesetze nicht zu entbehren seien.

3. Das Interesse des Bürgers, keiner Sonderbehandlung unterzogen zu werden, muß gewahrt werden.

Diesen Erfordernissen ist bei der Auslegung des Art. 19 I 1 GG Rechnung zu tragen. Mithin muß die Einschränkung von Grundrechten eines bestimmten Personenkreises dann zulässig sein, wenn ein Lebensbereich notwendig geordnet werden muß, in dessen Charakter[17]) es liegt, daß nur ein bestimmter Personenkreis betroffen wird.

Über die Notwendigkeit der Neuordnung eines gewissen Lebensbereichs entscheidet, wenn die Verfassung schweigt, der Gesetzgeber allein; nur muß der Tatbestand die Rechtsfolge rechtfertigen. Das Gesetz muß also einer inneren Gleichheitsbeziehung entsprechen[18]). Aber ob die Natur des zu regelnden Lebensbereichs eine Adressierung des neuen Gesetzes an bestimmte Personen fordert, kann der Richter nachprüfen. An bestimmte Personen darf das Gesetz sich nur dann wenden, bestimmte Fälle nur dann regeln, wenn nicht der Gleichheitssatz in seiner äußeren Bedeutung verletzt wird. Dieser wird nicht verletzt, wenn die essentiellen Momente des zu lösenden Interessenwiderstreits nur bei bestimmten Personen oder bestimmten Fällen vorliegen — wenn also ausgeschlossen ist, daß der gleiche Interessenwiderstreit in unbestimmt vielen Fällen (in Zukunft) auftauchen wird.

Damit wird die Problematik des Art. 19 I 1 GG auf das Gebot der Rechtssetzungsgleichheit bezogen[19]) und mit Hilfe der äußeren, materiellen Gleichheitsbeziehung gelöst[18]). Das äußere Gleichheitsgebot verlangt: der Tatbestand eines Gesetzes muß alle Sachverhalte wesentlich gleicher Beschaffenheit erfassen[20]); rechtswesentlich sind die Elemente von Lebenssachverhalten, welche die beteiligten Interessen, ihren objek-

---

[17]) Vgl. Radbruch, Die Natur der Sache S. 157ff., besonders 162.

[18]) Die Unterscheidung verschiedener Gleichheitsbeziehungen ist übernommen von Hans J. Wolff, Lehrbuch I § 60 I b 3; Wolff nennt diese Gleichheitsbeziehung die formelle im Gegensatz zu einer materiellen — transzendentalen, äußeren — Gleichheitsbeziehung, die verlangt, daß das Gesetz alle Sachverhalte wesentlich gleicher Beschaffenheit erfaßt.

[19]) F. Klein in Mangoldt-Klein, Kommentar, Art. 19 Bem. III 2 c, sieht Art. 19 I 1 GG als Ausfluß aus dem Organisationsgleichheitsgedanken an. Giese, Grundgesetz, Erl. II 2 zu Art. 19 (S. 42), meint, das Verbot von Individualgesetzen ergebe sich „in aller Regel schon aus dem Gleichheitsprinzip des Art. 3 GG"; ebenso Hamann, Grundgesetz, Art. 19 Bem. 3. Zwar heißt es in Art. 19 I 1 GG: „Soweit nach diesem Grundgesetz ... Grundrechte ... eingeschränkt werden können ..."; also — könnte man folgern — greife Art. 19 I 1 GG erst ein, wenn ein Gesetz nach Art. 3 GG zulässig sei; deshalb könne Art. 19 I 1 GG nicht mit Hilfe des Gleichheitssatzes ausgelegt werden. Aber Art. 3 I GG betrifft seinem Wortlaut nach nur die Rechtsanwendungsgleichheit. Das darüber hinaus bestehende Gebot der Rechtssetzungsgleichheit kann sehr wohl im Rahmen des Art. 19 I 1 GG verwirklicht werden. Karl Zeidler in JZ 1960 S. 391ff. kommt zu demselben Ergebnis: Allgemeinheit und Gleichheit seien Synonyme in bezug auf das Willkürverbot.

[20]) BVerfGE 9 S. 338ff. (349/350); H. J. Wolff, Verwaltungsrecht I § 60 I b 1, § 30 I b 2, § 33 VI c. Klein in Mangoldt-Klein (a. a. O. Art. 3 Bem. II 1): „Sachver-

tiven Wert, ihre Vorzugswürdigkeit und damit ihre rechtsnormative Rechtsfolge bedingen[21]).

Gesetze, die sich im Rahmen der Rechtssetzungsgleichheit halten, sind also „allgemein und nicht nur für den Einzelfall“ geltende Gesetze im Sinne des Art. 19 I 1 GG.

Das bedeutet für die Anwendung auf grundrechtseinschränkende Stichtaggesetze: Art. 19 I 1 GG steht ihnen nicht entgegen, wenn sie dem äußeren — materiellen — Gleichheitssatz entsprechen; die Stichtaggesetze entsprechen der äußeren Gleichheitsbeziehung, wenn gerade die zeitliche (historische) Lage der Sachverhalte wesentlich für deren Eigenart ist.

Die historische Lage der Sachverhalte ist wesentlich, wenn in vergangener Zeit z. B. ungerechtfertigte Vermögensverschiebungen im Volk stattfanden, die sich jetzt nicht mehr wiederholen, aber gerechterweise auszugleichen sind (vgl. das LAG); oder wenn gewisse vergangene politische oder soziale Mißstände oder unerwünschte Entwicklungen eine Regelung bedingen (vgl. das G. zu Art. 131 GG; die Vorschriften betr. die Hemmung von Nachkriegsfristen). Die vergangene Lage der Sachverhalte ist dagegen unwesentlich beispielsweise im Falle des hessischen Gesetzentwurfs betr. die Unwirksamkeit einer vergangenen Landratswahl[22]). Für die Verwaltung eines Landkreises mag es eine gewisse Bedeutung haben, daß ein Landrat (Oberkreisdirektor) früher als ein Jahr vor Ablauf seiner Amtszeit wiedergewählt worden ist. Der Tatbestand der vorzeitigen Wiederwahl rechtfertigt also möglicherweise die Rechtsfolge: Ungültigkeit der Wahl. Gänzlich unerheblich ist es aber, ob die Wiederwahl vor oder nach dem 5. Mai 1952 oder nach Verkündung des geplanten Gesetzes durchgeführt worden ist. Das einen bestimmten vergangenen Zeitraum heraushebende Zusatztatbestandsmerkmal knüpft im Falle der Landratswahl an ein Akzidens an; es werden nicht alle wesentlich gleichen Wiederwahlen erfaßt, sondern nur eine herausgegriffen.

Nun legt Wolff[23]) dar, daß das Anknüpfen an akzidentelle Momente zur Entschädigungspflicht führe und nicht die Nichtigkeit des betreffenden Rechtssatzes nach sich zöge. Wolff betont, daß das Gesagte nur in der Regel gelten solle.

Die Ausführungen Wolffs sind auf das Gebiet der öffentlich-rechtlichen Ersatzleistungen zugeschnitten. Auf diesem Rechtsgebiet wird das Anknüpfen an akzidentelle Momente des Sachverhalts dadurch gerecht-

---

haltlich gleiches ist rechtlich gleich . . .“ zu behandeln. BVerfGE: 1 S. 14 (52) = NJW 1951 S. 877 (879) = JZ 1951 S. 725 (732) = DVBl. 1952 S. 15—17; BVerfGE 3 S. 377 (380) = JZ 1954 S. 452 = DVBl. 1954 S. 404 (406): wesentlich Gleiches dürfe nicht ungleich behandelt werden.

[21]) H. J. Wolff a. a. O. § 30 I b 2.

[22]) Vgl. oben § 10 zu Fußnoten 9 und 10.

[23]) Hans J. Wolff, Lehrbuch § 60 I b 3 (S. 317 unten).

fertigt, daß das Akzidens des Sachverhalts (z. B. Tallage eines Grundstücks) für die statuierte Rechtsfolge (das Grundstück wird für eine Talsperre überflutet) gerade von wesentlicher Bedeutung ist; es ist nur Akzidens in Bezug auf die Werthaftigkeit der beteiligten Interessen des Adressaten, dagegen von essentiellem Gewicht für die getroffene Regelung. Bei Verstößen gegen die äußeren — materiellen — Gleichheitsbeziehungen in zeitlicher Hinsicht liegt es anders. Das Anknüpfen an ein akzidentelles Zeitmoment eines Sachverhalts kann niemals für die statuierte Rechtsfolge von wesentlicher Bedeutung sein. Das Herausheben eines Sachverhalts an Hand eines zeitlichen Akzidens bedeutet daher einen doppelten Verstoß gegen das Gleichheitsgebot: es verstößt gegen die äußere — materielle — Gleichheitsbeziehung und zugleich gegen die innere — formelle — Gleichheitsbeziehung; denn der historisch festgelegte Sachverhalt vermag die an ihn geknüpfte Rechtsfolge nicht zu rechtfertigen, wenn seine historische Lage unwesentlich für die beteiligten Interessen ist. Daher muß die Folge eines Verstoßes gegen den Gleichheitssatz in zeitlicher Hinsicht stets die Nichtigkeit sein.

Es ist nunmehr die Frage aufzuwerfen, ob für Gesetze, die nicht Grundrechte einschränken, ähnliche Grenzen wegen Art. 3 I GG zu ziehen sind. Es ist heute anerkannt, daß der Gesetzgeber an den Gleichheitssatz in seiner Gestalt als Rechtssetzungsgleichheit gebunden ist (Art. 1 III und Art. 3 I GG)[24]. Das Verbot, Einzelfall- oder Einzelpersongesetze zu erlassen, könnte aber in Art. 19 I 1 GG abschließend geregelt sein. Das hätte zur Folge, daß Gesetze, die nicht Grundrechte einschränken, als Einzelfall- oder Einzelpersongesetze erlassen werden dürften. Nach dem oben Ausgeführten spricht Art. 19 I 1 GG lediglich aus, was nach Art. 3 I GG ohnehin rechtens wäre. Es kann nicht angenommen werden, daß Art. 19 I 1 GG die rein negative Aufgabe haben sollte, das aus der Rechtssetzungsgleichheit entspringende Verbot, Einzelperson- oder Einzelfallgesetze zu erlassen, für diejenigen Gesetze außer Kraft zu setzen, die nicht Grundrechte einschränken. Daher gilt das oben für grundrechtseinschränkende Gesetze Dargelegte im selben Maße auch für alle anderen Gesetze mit dem einzigen Unterschied, daß die Gebote der Rechtssetzungsgleichheit nicht über Art. 19 I 1 GG zur Anwendung kommen, sondern unmittelbar aus Art. 3 I und 1 III GG abzuleiten sind.

Für alle Stichtaggesetze gilt daher der Satz: Wenn nicht gerade die zeitliche Lage der Sachverhalte essentiell für die beteiligten Interessen ist, so verstößt das Gesetz gegen die Rechtssetzungsgleichheit u. ist nichtig[25].

---

[24]) Ständige Rechtsprechung des Bundesverfassungsgerichts, BVerfGE 1 S. 14ff. (50f.) = NJW 1951 S. 877ff.; BVerfGE 9 S. 334ff. = NJW 1959 S. 1627f.; vgl. auch BVerFGE 8 S. 332 = NJW 1959 S. 189 = ZBR 1959 S. 48: „Die Größe der von einer gesetzlichen Regelung betroffenen Gruppe spielt für die Zulässigkeit dieser Regelung unter dem Gesichtspunkt des Einzelfallgesetzes keine Rolle, solange die Gruppe sachgerecht abgegrenzt und in sich gleichartigen Regeln unterworfen ist" (das behandelte Gesetz schränkte Grundrechte nicht ein).

[25]) Zum Gleichheitssatz vgl. fernerhin unten §§ 37 und 38.

II. Tatbestandsverwirklichung vor Verkündung des Gesetzes.

§ 32 a) Norm im Sinne Bindings.

Im Zeitpunkt der Tatbestandsverwirklichung ist das rückanknüpfende Gesetz noch nicht verkündet. Das verursacht Schwierigkeiten, wenn das Gesetz eine Norm im Sinne Bindings enthält, also von der Tatbestandsverwirklichung abhalten oder zu ihr anreizen will.

Die Strafgesetze über den Kindesraub[1]) und über die Autofallen[2]) wurden „rückwirkend" in Kraft gesetzt. Das Kontrollratsgesetz Nr. 10 ordnete u. a. an, daß diejenigen jetzt bestraft werden sollten, die in der Zeit vor 1945 einen anderen denunziert hatten[3]). Das sog. Hamburger Meldegesetz bestimmte im Jahre 1948 ein halbes Jahr in die Vergangenheit zurück, daß heimkehrende Beamte sich binnen zwei Monaten bei ihrer früheren Dienststelle zu melden hätten, widrigenfalls sie entlassen werden könnten. In Bayern wurde durch Gesetz vom 15. 12. 1949[4]) „rückwirkend" ab 1. 2. 1949 das alte Bayerische Jagdgesetz von 1850 außer Kraft gesetzt, so daß Wildschutzgebiete nachträglich wiederhergestellt wurden, die die Alliierten am 1. 2. 1949 durch Inkraftsetzen des alten Bayerischen Jadggesetzes von 1850 (das Wildschutzgebiete nicht kannte) aufgehoben hatten[5]):

Ein Amtsgerichtsrat stellte sich selber den Behörden, weil er im August 1949 das Gebiet doch(?) durchwandert hatte. — Die Einrichtung eines Wildschutzgebietes geschieht tatsächlich durch Beschilderung und Barrikaden, rechtlich gesehen ist das Wildschutzgebiet nur eine verbotene Zone: es besteht ein Eintrittsverbot.

Alle diese Gesetze enthalten Sollsätze. Der Richter oder die sonst zuständige Person soll die Bestrafung, Entlassung, Geldbuße aussprechen. Darüber hinaus enthält der Tatbestand dieser Gesetze eine Unwertfolge für eine bestimmte Verhaltensweise.

---

[1]) Gesetz vom 22. 6. 1936, RGBl. I S. 493.

[2]) Gesetz vom 22. 6. 1938, RGBl. I S. 651.

[3]) Der oberste Gerichtshof für die brit. Zone sucht die Rückanknüpfung des KRG Nr. 10 zu rechtfertigen; es diene der „höheren Gerechtigkeit" (OGHStr. 1 S. 1ff.). Gerhardinger, Arch. R. u. Soz. Phil. Bd. 28 S. 510 erinnert an ein rückwirkendes Strafgesetz Hitlers vom 17. 8. 1938 gegen die ehemaligen Mitglieder der österreichischen Bundesregierung, die sich volksfeindlicher Handlungen schuldig gemacht hätten. Die Wiener Gerichte verweigerten damals die Anwendung dieses Gesetzes. Er erinnert aber auch an die rückwirkenden Verbotsgesetze gegen Österreichs ehemalige Mitglieder der NSDAP v. 5. 5. 45; diese wurden in der Folgezeit angewendet. Rückwirkende Bestrafung von Zollzuwiderhandlungen finden sich schon im Gesetz betr. Zuwiderhandlungen gegen die österreichisch-ungarischen Zollgesetze vom 26. 7. 1881 (GBl. I S. 241), in Kraft gesetzt ab 1. 7. 1881; Binding hielt diese Bestimmung für nicht anfechtbar (Norm und ihre Übertretung I S. 181). Rückanknüpfende Strafbestimmungen finden sich auch in der VO vom 6. 2. 1924 betr. Vermögensstrafe und -Buße (RGBl. I S. 44 Art. XIV Abs. 4) und im Geldstrafengesetz vom 13. 10. 1923 (RGBl. I S. 943 Art. VII).

[4]) GVBl. S. 33.

[5]) Vgl. auch die im Urteil des BFH in BStBl. 1954 III S. 241 behandelte „rückwirkende" Verschärfung der Anforderungen an die Buchführung.

Wie Binding für das deutsche Strafrecht nachgewiesen hat[6]), liegt in dem Satz: wer stiehlt, soll bestraft werden, gleichzeitig: du sollst nicht stehlen — als „Norm“. Der Satz: wer vor 1945 denunziert hat, soll bestraft werden, beinhaltet nach dieser Auffassung: du durftest damals nicht denunzieren. Das Hamburger Meldegesetz gebietet zugleich (nachträglich): melde dich heimkehrender Beamter binnen zwei Monaten! Und das Bayerische Jagdgesetz statuiert ein Eintrittsverbot. Alle diese Gesetze enthalten also außer dem Sollsatz (hier der Sanktion für eine Normübertretung) eine „Norm“ im Sinne Bindings.

Die Eigenart dieser Gesetze liegt nun darin, daß jeweils die „Norm“ im Sinne Bindings für einen vergangenen Zeitraum ausgesprochen wird.

Es ist ausgeschlossen, von jemandem nachträglich ein anderes Verhalten zu fordern, als er es in der Vergangenheit an den Tag legte. Deshalb werden „rückwirkende“ Strafgesetze für nichtig gehalten, weil sie wegen ihres Normgehalts Unmögliches fordern[7]). Deshalb müssen aber auch rückanknüpfende Gesetze, die nachträglich früher erlaubtes Verhalten zu einem Disziplinarverstoß, zu einer schuldhaft unerlaubten Handlung oder zu einer Ordnungswidrigkeit erklären oder es unter Erlaubnisvorbehalt stellen, nichtig sein[8]).

Das kann allerdings nur für die Gesetze mit „Norm“-Gehalt gelten, deren Norm im Rückanknüpfungszeitraum weder gewohnheitsrechtlich noch sonst ungeschrieben bestanden hat. Sonst wird in Wahrheit ja keine neue Norm für einen vergangenen Zeitraum aufgestellt.

Außerdem ist bei jedem rückanknüpfenden Gesetz mit Normgehalt genau zu prüfen, ob sein Normcharakter unabweisbar ist.

Es ist z. B. nicht festgestellt, ob die Alliierten Gesetzgeber wirklich in den strafrechtlichen Tatbeständen der Kontrollratsgesetze versteckte

---

[6]) Binding, Normen und ihre Übertretung S. 6, Anm. 4: „Der Satz: du sollst nicht töten, nicht aber der Satz: wer tötet, soll bestraft werden, wird übertreten. Immer an den entscheidenden Stellen in der Lehre von der „Rückwirkung“ schiebt sich der falsche an die Stelle des richtigen Gedankens.“

[7]) Abgesehen von Art. 103 II GG, der für die beispielsweise angeführten Strafgesetze nicht galt. F. Klein, Monographie S. 31; Hamann, Rechtsstaat S. 41: „Manche vom Gesetzgeber versuchte Rückwirkung erscheint begrifflich unmöglich, weil sie nachträglich zu Handlungen in der Vergangenheit verpflichten würde.“ Der BGH hält in BB 1953 S. 548, E. 1293, „rückwirkende Verbote“ für „sinnwidrig“.

[8]) Vgl. die Entscheidung in § 19 Anm. 8 und Coings Mindestgrundsatz 1 a in § 26; eine besondere Lage schaffte das Gesetz zu Art. 131 GG: dazu die Entscheidung des Bundesdisziplinarhofs in NJW 1955 S. 1336. Der Sachverhalt war folgender: ein ehemaliger aktiver Unteroffizier, der seit dem 8. 5. 1945 als entlassen gilt, beging nach 1945 eine Handlung, die — wenn er noch Beamter gewesen wäre — zu seiner Entfernung aus dem Dienst geführt hätte. Der BDiszH entschied im Verfahren nach § 9 des G. zu Art. 131 GG mit Hinblick auf die Tatsache, daß das betreffende Gesetz rückwirkend Rechte verleihe, es läge ein Dienstvergehen vor. Das Gesetz zu Art. 131 war aber zur Zeit der Tat noch nicht erlassen und der Unteroffizier konnte nicht wissen, daß er ein Dienstvergehen oder eine als solche geltende Handlung beginge. — Neuestens BVerwG vom 9. 5. 1960 in NJW 1960 in NJW 1960 S. 1588 = DVBl. 1960 S. 637: keine rückanknüpfende Polizeipflicht.

Normen gesehen haben wollten oder ob das für das angelsächsiche Rechtssystem sonst zutrifft. Denkbar wäre eine Bestrafung ja auch ohne eine Verhaltensvorschrift, die damals übertreten wurde. Dann wäre das Kontrollratsgesetz Nr. 10 zwar dem Satz „nulla poena sine lege" zuwider[9]) aber ontologisch möglich.

Der Bayerische VerfGH führte zu dem oben angeführten Jagdgesetz aus[10]): „Auch im vorliegenden Fall ist es unmöglich, in der Zeit zwischen 1. 2. 1949 und 30. 1. 1950 gleichzeitig zwei voneinander abweichende Gesetze gelten zu lassen, das neue Jagdgesetz und das alte Bayerische Jagdgesetz von 1850. Daß Art. 2 Abs. 2 des neuen Jagdgesetzes nun das alte Gesetz mit Rückwirkung vom 1. 2. 49 aufheben will, schafft die Tatsache nicht aus der Welt, daß das alte Bayerische Jagdgesetz, das eben erst durch Mil.Reg. G. Nr. 13 mit Wirkung vom 1. 2. 1949 an wieder in Kraft gesetzt worden war, bis zum 30. 1. 1950 tatsächlich gegolten hat ... Es konnte aber z. B. eine im Sommer 1949 erfolgte zwangsweise Entfernung eines Wanderers aus einem ehemaligen Wildschutzgebiet durch einen Forstaufseher nicht nachträglich für rechtmäßig und das Verhalten des Wanderers für rechtswidrig — mit allen etwa daraus erwachsenden Folgen — erklärt werden, während die Rechtslage zur Zeit des Vorgangs umgekehrt war."

Das Gericht erklärt das neue Jagdgesetz in seinem rückanknüpfenden Teil für nichtig. M. E. müßte die Begründung weniger rechtlicher als ontologischer Natur sein. Es fehlt an einer Kollision des alten und des neuen Rechts; denn das neue Gesetz schlug nicht in die Vergangenheit zurück (vgl. oben § 6 zu Fußn. 21). Es wurde also gar nicht nachträglich ein Eintrittsverbot für die Vergangenheit statuiert, sondern allenfalls etwas Derartiges für die Zukunft fingiert. Aus dieser Rechtssituation folgt, daß die „rückwirkende" Errichtung eines Wildschutzgebietes ausgeschlossen ist.

Aus alledem ist der Satz abzuleiten, daß rückanknüpfende Gesetze, die eine bisher nicht geltende Verhaltensnorm enthalten, nichtig sind.

§ 33 b) Unvorhersehbare Rückanknüpfung.

1. Interessenlage.

Der Gesetzgeber kann mit unvorhersehbar rückanknüpfenden Gesetzen ein Überraschungsmoment erzielen; damit kann verhindert werden,

---

[9]) Prof. R. H. Graveson SJO, LLM führte in MDR 1947 S. 278 aus: Der Satz „nulla poena sine lege" werde gar nicht von der Rechtsüberzeugung der Kulturvölker als zwingender Satz geltenden Rechts betrachtet, nämlich z. B. nicht vom englischen Volk. Die Ablehnung der rückanknüpfenden Strafgesetze der Alliierten in Deutschland aus Gewissensgründen des Richters entspringe einem „irregeleiteten Gewissen". Das ist befremdend, wenn auch verlautet, daß England tatsächlich im 17. und Ende des 19. Jahrhunderts rückanknüpfende Strafgesetze erlassen hat und daß deutsche Gefangene in der Sowjetunion für Taten aus den Jahren 1941 bis 1943 nach einer Bekanntmachung des Präsidiums des Obersten Sowjets vom 13./23. April 1943 zu 25 Jahren Zwangsarbeit verurteilt worden sind.

[10]) Bayer. VerfGHE n. F. 4 II S. 90ff. = GVBl., RsprT S. 123.

daß die betreffenden Adressaten den neuen Rechtsfolgen ausweichen können. Das Überraschungsmoment ermöglicht es dem Gesetzgeber z. B., Vermögensverschiebungen gerecht auszugleichen, die durch Kriege oder soziale Fehlentwicklungen eintraten: Der Vermögensabgabe nach dem LAG konnte sich niemand mehr durch Manipulationen nach der Währungsreform entziehen. Im Folgenden spreche ich insofern vom „Überraschungsinteresse" des Gesetzgebers. Dieses Interesse ist das einzige, das der Gesetzgeber an Unvorhersehbarkeit rückanknüpfender Gesetze haben kann.

In der Regel ist dem Gesetzgeber die Unvorhersehbarkeit seiner Gesetze im Rückanknüpfungszeitraum gar nicht willkommen; er nimmt sie nur in Kauf, um die Verzögerung durch die komplizierte Gesetzgebungsmaschine auszugleichen[1]), oder weil soziale Mißstände zu spät erkannt wurden oder Lücken oder Irrtümer eines früher erlassenen Gesetzes zu beseitigen sind, oder aus fiskalischen Gründen usw. Ich nenne diese gesetzgeberischen Zwecke im Folgenden kurz: „Nachholinteresse".

Die Betroffenen wußten im Zeitpunkt der Tatbestandsverwirklichung nichts davon, daß eine Rechtsfolge ausgelöst werden wird. Sie haben sich daher auf diese in ihrem Planen und Disponieren nicht einrichten können.

Ein neuer Imperativ trifft sie jetzt ganz unvorbereitet und stößt ihre Pläne um (z. B. für die Steuernachzahlung ist nichts angespart). Der nachträgliche Entzug einer Gewährung, die das alte Recht gab und die die Grundlage für Dispositionen war, bewirkt, daß sich diese Dispositionen als falsch oder gar als schädlich herausstellten (z. B. Gehaltsansprüche gemäß G. z. Art. 131 GG werden für rechtsunwirksam erklärt; der Beamte hat das Geld verbraucht).

Die Betroffenen haben Interesse daran, sich auf neue Rechtsfolgen, seien es neue Pflichten oder der Entzug von Rechten, in ihrem allgemeinen Verhalten einrichten zu können. Dieses Interesse umreiße ich im Folgenden kurz mit „Rücksichtnahme auf das Planen und Disponieren."

Soeben ist das Interesse der Betroffenen beschrieben worden, sich auf geänderte Rechtsfolgen einzurichten. Es kann nun aber auch so liegen: der Bürger hat willentlich den Tatbestand eines alten Gesetzes verwirklicht — oder er ist willentlich und in erlaubter Weise einem früheren Gesetz ausgewichen.

So ist es z. B. erlaubt[2]), um steuerlicher Vorteile willen eine OHG in eine GmbH umzuwandeln. Haver[3]) zählt für das Steuerrecht folgende

[1]) Z. B. bei verspäteter Verlängerung von abgelaufenen Zeitgesetzen (oft sind diese rückanknüpfenden Verlängerungsgesetze allerdings vorhersehbar), Einführung einer neuen Steuer erst während des laufenden Besteuerungszeitabschnitts, einer Gebühr für vergangene Verwaltungstätigkeit; Einholung der Genehmigung der Alliierten (Beispiel: § 1 Anm. 6) usw.

[2]) BFH in BStBl. 1953 III S. 317ff.; Paulick, Rechtsgutachten S. 27.

[3]) Haver, RWP 14, Steuer RD, Allgemeine Einzelfragen 52; von Haver anders geordnet.

Handlungsmöglichkeiten auf, gesetzliche Folgen herbeizuführen oder zu vermeiden:

1. Ergreifung steuerbegünstigter wirtschaftlicher Maßnahmen.
2. Verzicht auf die Verwirklichung des steuerpflichtigen Tatbestandes:
   a) Bilanzierungsmaßnahmen;
   b) Umwandlung der tatsächlichen Verhältnisse, z. B. das Aufhören mit der Verarbeitung von umsatzsteuerpflichtigen Waren.
3. Abwälzung der Steuer.

Die Betroffenen haben ein Interesse daran, daß sie entsprechend ihrem erlaubten Tun behandelt werden: daß die Rechtsfolgen gemäß der Tatbestandsverwirklichung eintreten, oder daß sie von Rechtsfolgen, denen sie willentlich und erlaubt ausgewichen sind, verschont bleiben. Die Betroffenen wollen in den Genuß ihrer von der alten Rechtslage motivierten Bemühungen kommen[4]), sie vertrauen auf das Recht als sozialen Verhaltens- und Berechenbarkeitsmaßstab[5]). Kurz, die Betroffenen haben Interesse an Rücksichtnahme auf ihr damals erlaubtes Handeln.

Dies Interesse besteht aber nur gegenüber Gesetzen, die nachträglich Rechtsfolgen an erlaubtes Handeln knüpfen; genauer: gegenüber Gesetzen, die belastende Rechtsfolgen nachträglich an erlaubte Handlungen der Betroffenen knüpfen, die gerade um bestimmter Rechtsfolgen des alten Rechts willen vorgenommen worden waren und typischerweise vorgenommen werden.[6])

Das mit „Rücksichtnahme auf damals erlaubtes Handeln" umschriebene Interesse entfällt bei denjenigen Gesetzen — mögen sie auch unvorhersehbar sein —, die wegen zufällig eingetretener vergangener Tatsachen oder wegen solcher Handlungen ein Sollen statuieren, die nicht im Belieben des Bürgers standen oder die typischerweise ohne Rücksicht auf die Rechtslage vorgenommen werden.[7]) Denn der Betroffene hätte

---

[4]) Stahl, Philosophie des Rechts, II. Bd. S. 336: „Die Person ist ein handelndes Subjekt. Soll daher der Mensch als Person, so muß seine Tat anerkannt werden."

[5]) H. Jahrreiß, Berechenbarkeit und Recht S. 5, 14, 16; Tafel S. 37 und 63.

[6]) Der Gedanke, daß es einen Unterschied hinsichtlich der „Rückwirkung" mache, ob ein Gesetz wegen früherer Tatsachen Rechtsfolgen statuiert, welche
1. vom Betroffenen mit freiem Willen und der auf die Rechtsfolgen des alten Rechts gerichteten Absicht;
2. vom Betroffenen mit freiem, aber ohne rechtsgeschäftlichen Willen gesetzt wurden, das Gesetz gibt hier das Recht ohne einen darauf gerichteten Willen;
3. welche zufällig eintreten,

findet sich schon bei Gabba (vgl. Affolter, Geschichte S. 596). Ich habe die Ziffern 1. und 2. zusammengezogen, da die getrennte Aufführung für unser Problem m. E. nicht von Bedeutung ist.

[7]) Hierfür diene als Beispiel eine rückanknüpfende Kirchensteuer (vgl. die übernächste Fußn.): Zwar steht es dem einzelnen rechtlich frei, ob er auf Verdienst verzichten oder aus der Kirche austreten will, um keine Kirchensteuer zu bezahlen. Aber man kann nicht sagen, daß ein solches Ausweichen typischem Verhalten vernünftiger Personen entspräche, wenn sie in Zukunft höhere Kirchensteuersätze er-

sich ja auch nicht anders verhalten, wenn das neue Gesetz damals bekannt gewesen wäre. Die damalige Rechtslage war nicht ursächlich für die Tatbestandsverwirklichung oder das Ausweichen vor der Rechtsfolge. Dagegen können die eingangs umrissenen Interessen an „Rücksichtnahme auf ungestörtes Planen und Disponieren" auch hier bestehen: Auch auf die Rechtsfolgen wegen zufällig eingetretener vergangener Tatsachen will der Betroffene sich einrichten können.

2. Verbotstatbestände.

Es können in Widerstreit geraten:

das Überraschungsinteresse auf der gesetzgeberischen Seite mit
dem Interesse der Betroffenen an Rücksichtnahme
auf ungehindertes Planen und Disponieren
oder auf das damals erlaubte Handeln;
das Nachholinteresse des Gesetzgebers mit
dem Interesse der Betroffenen an Rücksichtnahme
auf ungehindertes Planen und Disponieren
oder auf das damals erlaubte Handeln.

Das Überraschungsinteresse des Gesetzgebers kommt, soweit ersichtlich, nur bei Gesetzen auf den Gebieten der Wirtschaftslenkung und des Abgabenrechts in Frage. Es ist das Interesse an einem Mittel, die Betroffenen zu überraschen, damit diese den neuen Rechtsfolgen nicht „ausweichen" können.

Das Interesse der Betroffenen an Rücksichtnahme auf ungestörtes Planen und Disponieren liegt ebenfalls auf wirtschaftlichem Gebiet. Wirtschaftliche Interessen der Betroffenen dürfen gesetzgeberische Maßnahmen nicht hindern, die zur Erhaltung der Gesamtwirtschaft und damit auch zur Erhaltung der wirtschaftlichen Möglichkeiten der Betroffenen notwendig sind. Sie dürfen derartige gesetzgeberische Maßnahmen auch dann nicht hindern, wenn die Art der gesetzgeberischen Maßnahmen Unausweichlichkeit der Rechtsfolgen erfordern, also nur mittels eines Überraschungsmomentes durchgeführt werden können.

Daraus folgt: überraschend rückanknüpfende, gesamtwirtschaftlich gebotene Gesetze sind nicht zu beanstanden, auch wenn sie dem Interesse der Betroffenen an Rücksichtnahme auf Planen und Disponieren ent-

---

warten. Ein rückanknüpfendes Kirchensteuergesetz unterfällt daher der Interessenlage: Rücksichtnahme auf Planen und Disponieren, nicht aber der Interessenlage: Rücksichtnahme auf das damals erlaubte Handeln. Als Gegenbeispiel mag das Hamburger Baukostenzuschußgesetz dienen (GVBl. 1946 S. 119, Nr. 45; OGH BritZ in SJZ 1949 Sp. 407ff.). Die Betroffenen waren willensmäßig vollkommen frei, ob sie einen Baukostenzuschuß nehmen wollten oder nicht; sie konnten auf das Bauen verzichten. Man darf annehmen, daß die meisten Bauherren (typischerweise) sogar einen anderen Ausweg gesucht hätten, wenn sie das spätere gesetzliche Verbot der Vereinbarung von Baukostenzuschüssen vorher gekannt hätten. Hinsichtlich des Baukostenzuschußgesetzes bestehen gegenüber der Rückanknüpfung sowohl das Interesse an „Rücksichtnahme auf das Planen und Disponieren" als auch das Interesse an „Rücksichtnahme auf das damals erlaubte Handeln".

gegenlaufen. Anders möchte ich ein Gesetz beurteilen, das überraschend in das Interesse der Betroffenen an Rücksichtnahme auf das Planen und Disponieren eingreift, um einen bestimmten anderen Wirtschaftszweig zu stützen. Durch gesamtwirtschaftlich erforderliche Maßnahmen, die alle am Wirtschaftsleben Beteiligten angehen, entsteht für die Betroffenen kein besonderer wirtschaftlicher Nachteil; wenn aber nur einige gefördert werden sollen, die anderen aber benachteiligt werden, so erscheint es nicht angängig, daß der Gesetzgeber überraschend eingreift, also ein gesetzgeberisches Mittel anwendet, das für die Betroffenen erhebliche Nachteile mit sich bringt.

Steht das Überraschungsinteresse des Gesetzgebers dem Interesse der Betroffenen gegenüber, daß Rücksicht auf ihr damals erlaubtes Handeln genommen werde, so ist folgendes zu erwägen: Das gesetzgeberische Überraschungsinteresse kann nur dann das Interesse der Betroffenen an Rücksichtnahme auf ihr damals erlaubtes Handeln zurückdrängen, wenn die dahinterstehenden gesamtwirtschaftlichen Interessen das Interesse der Betroffenen überwiegen. Hinter dem Interesse der Betroffenen steht das Stabilitäts- und Vertrauensinteresse, das die Betroffenen wegen ihrer vom früheren Recht motivierten damaligen Handlungen für sich in Anspruch nehmen dürfen. Der Gesetzgeber würde gegen das alte Verbot des „venire contra factum proprium" verstoßen, wenn er die Betroffenen zunächst (nach damaligem Recht) motivieren und nachträglich mit neuen Rechtsfolgen belasten würde. Mit wirtschaftlichen Interessen ist ein solcher Verstoß aber nicht zu rechtfertigen.

Daraus folgt, daß das Überraschungsinteresse des Gesetzgebers sich gegenüber dem Interesse der Betroffenen an Rücksichtnahme auf ihr damals erlaubtes Handeln nicht durchsetzen kann[8]).

Kollidiert das Nachholinteresse des Gesetzgebers mit dem Interesse der Betroffenen an Rücksichtnahme auf ihr Planen und Disponieren, so liegt es folgendermaßen:

Es kann sich um eine unbedeutende gesetzliche Bestimmung handeln. Auf sie hätten sich die Betroffenen typischerweise auch dann nicht besonders in ihrer Lebenshaltung eingerichtet, wenn sie sie früher gekannt hätten; dann ist das Gesetz zulässig. Deshalb ist beispielsweise eine geringfügige rückanknüpfende Erhöhung der Gebühren öffentlich-rechtlicher Anstalten (z. B. Schulen) oder der Hundesteuer erlaubt. Wenn jedoch die Hundesteuer um einen so bedeutenden Betrag erhöht wird, daß die Hundehaltung wesentlich verteuert und mancher zur Abschaffung des Hundes bewogen worden wäre, so ist die rückanknüpfende Steuererhöhung unzulässig.

---

[8]) Vgl. Grundsatz 3 bei Coing (oben § 26); Ottmar Böhm in VersR 1954 S. 473 ff. unter III.: „Die Einzelpersönlichkeit hat das Recht, den ihr durch die Rechtsordnung zuerkannten Lebensbereich nach eigenem Gutdünken zu regeln. Abschluß- und Gestaltungsfreiheit sind in manchen Verfassungen sogar als Grundrecht garantiert."

Handelt es sich um eine einschneidende neue Bestimmung[9]), auf die die Betroffenen typischerweise in ihrem Planen und Disponieren Rücksicht genommen hätten[10]), so muß das Nachholinteresse des Gesetzgebers zurücktreten[11]). Lediglich dann, wenn die Berufung der Betroffenen auf die frühere Rechtsordnung gegen Treu und Glauben verstieße, wird das Nachholinteresse des Gesetzgebers den Vorzug verdienen[12]): Z. B. dem Betroffenen ist zwar formal eine Rechtsmacht gewährt, aber es ist offensichtlich, daß diese sachlich unhaltbar ist. Mit einer rückanknüpfenden Regelung, die den Grundsatz von Treu und Glauben verwirklicht, muß der Betroffene im übrigen regelmäßig rechnen; sie ist für ihn also voraussehbar.[13])

Schließlich ist der Widerstreit von gesetzgeberischem Nachholinteresse und dem Interesse der Betroffenen an Rücksichtnahme auf ihr damals erlaubtes Handeln zu untersuchen.

Hinter dem Nachholinteresse des Gesetzgebers stehen verschiedenerlei Einzelinteressen mit unterschiedlichem Gewicht. Das Interesse der Betroffenen an „Rücksichtnahme auf ihr damals erlaubtes Handeln" gründet sich auf die Tatsache, daß die alte Rechtsordnung damals gegolten hat und anerkannt war, und daß nach ihr in erlaubter Weise gehandelt worden war. Zum anderen steht hinter diesem Interesse der Betroffenen die Notwendigkeit, daß in einem rechtlich geordneten Gemeinwesen das Vertrauen in die Rechtsordnung nicht zerstört werden darf. An der Tatsache, daß die Rechtsordnung ehedem gegolten hat, kann auch der Gesetzgeber nicht vorbeikommen. Auch der Gesetzgeber, der das Nachholinteresse durchsetzen möchte, hat selbst ein erhebliches Interesse

---

[9]) Z. B. die über 6 Jahre rückanknüpfende Kirchensteuererhöhung im Landesbezirk Baden vom 21. 1. 52.

[10]) Z. B. Abwälzung abwälzbarer Steuern; Beispiele in: Württemb.-Bad. VGH in DÖV 1952 S. 503; LVG Hamburg in Rspr. Beil. zu DRiZ 1952 S. 29.

[11]) Insoweit befinde ich mich in Übereinstimmung mit dem BFH in BStBl. 1953 S. 321 (vgl. § 25 Anm. 4). Ich kann dem Leitsatz des Bundesverfassungsgerichts in der Entscheidung zur „Lex Schörner" (BVerfGE 7 S. 129, vgl. Anm. § 28 Fn. 5) in dieser Form nicht zustimmen: „Ergänzende gesetzliche Regelungen, die Irrtümer des Gesetzgebers mit Rückwirkung beseitigen und Lücken schließen wollen, sind unter bestimmten Voraussetzungen mit dem Grundgesetz auch dann vereinbar, wenn sie in Rechtspositionen eingreifen, die durch das ergänzte Gesetz gewährt waren." Der Einzelne kann doch nicht bei jedem neuen, ihn begünstigenden Gesetz nachprüfen, ob der Gesetzgeber vielleicht geirrt habe! Wenn er sich auf die Gewährung einer Rechtsposition aber nicht einrichten kann, nützt dem Staatsbürger die Gewährung wenig. Auch Bühler-Strickrodt meinen (Bd. 1, Hlbbd. 1 S. 103 Fn. 1), man dürfe aus dem Urteil keine allgemeinen Lehren ziehen.

[12]) So das BVerfG a. a. O. in den Gründen, die enger sind als der Leitsatz: Es müsse auch im Rechtsstaat der Gedanke lebendig bleiben, „daß eine formale Rechtsstellung, die dem einzelnen sachlich nicht gerechtfertigte Ansprüche auf Leistungen aus öffentlichen Mitteln gewährt, nicht zum Nachteil der anderen und des Ganzen durch die Rechtsordnung geschützt und aufrechterhalten werden darf." M. E. trafen diese Ausführungen bei der „Lex Schörner" nicht zu.

[13]) Dadurch tritt die unten in § 34 beschriebene Interessenlage ein.

daran, das Vertrauen in die Rechtsordnung zu erhalten. Insofern gebietet dem Gesetzgeber sein eigenes Interesse, die Rechtslage nicht zu negieren, die infolge „richtigen" Handelns seitens des Betroffenen entstanden war.

Deshalb kann m. E. kein Einzelinteresse des Gesetzgebers — gleichgültig welches man aus den gesetzgeberischen Nachholinteressen herausgreift —, die Kraft haben, das Interesse der Betroffenen an Rücksichtnahme auf ihr damals erlaubtes Handeln zurückzudrängen. Hat der Gesetzgeber wirklich soziale Mißstände zu spät erkannt, so muß er für die Zukunft abhelfen. Deshalb aber vor dem alten Recht Bewährtes umzustoßen, geht nicht an. Deshalb lag dem rückanknüpfenden hamburgischen Gesetz über die Nichtigkeit vergangener Verträge über Baukostenzuschüsse und -darlehen m. E. eine unrichtige Interessenabwägung durch den Gesetzgeber zugrunde.

Würde allerdings die alte Rechtsordnung zu Rechtsfolgen führen, die dem Sittengesetz widersprechen, dann läge es anders; aber ein rückanknüpfendes Gesetz, das das Recht mit dem Sittengesetz in Einklang bringt, ist vorhersehbar; niemand kann sich auf eine Rechtslage verlassen, die dem Sittengesetz zuwider ist; ein derartiges rückanknüpfendes Gesetz unterliegt also ohnehin einer anderen Interessenbewertung (unten § 34).

Das Interesse der Betroffenen an Rücksichtnahme auf ihre damals erlaubten Handlungen überwiegt also in jedem Fall die Interessen des Gesetzgebers: sei es das Überraschungsinteresse oder das Nachholinteresse.

Dagegen kann das Interesse der Betroffenen an Rücksichtnahme auf Planen und Disponieren sowohl dem Überraschungsinteresse als auch dem Nachholinteresse des Gesetzgebers weichen müssen.

Die Gerechtigkeit gebietet, bei Kollisionen von Interessen die minderwertigen zurückzustellen, um die Befriedigung der objektiv wertvolleren zu ermöglichen[14]). Aus dem Vorhergesagten erhellt, in welchen Fällen den unvorhersehbar rückanknüpfenden Gesetzen höherwertige Interessen der Betroffenen gegenüberstehen.

Nun wird ein Gesetz nur dann als nichtig angesehen werden können, wenn das unvorhersehbar rückanknüpfende Gesetz ein solch unerträgliches Maß an Ungerechtigkeit erreicht, daß das Bestimmtheitsinteresse des Rechtssicherheitspinzips (formell richtig gesetztes Recht muß auch angewandt werden) zurücktreten muß. Dieses Maß ist jedoch in zwei der beschriebenen Rechtssituationen erreicht, so daß Nichtigkeit des unvorhersehbar rückanknüpfenden Gesetzes eintritt:

1. Nachträglich können unvorhersehbare, belastende Rechtsfolgen nicht an damals erlaubte Handlungen geknüpft werden, die — typischerweise — wegen begünstigender Rechtsfolgen des alten Rechts vorgenommen worden waren.

---

[14]) Hans J. Wolff, Verwaltungsrecht I § 60 I a.

2. Belastende Rechtsfolgen wegen vergangener Sachverhalte sind unzulässig, wenn die Betroffenen sich in ihrem Planen und Disponieren infolge der Rückanknüpfung auf die neue Rechtsfolge nicht einrichten konnten, auf die sie sich typischerweise bei Gesetzen ohne Rückanknüpfung eingerichtet hätten; sie sind ausnahmsweise zulässig, wenn gesamtwirtschaftliche Interessen einen überraschenden Eingriff erfordern oder die Berufung der Betroffenen auf die Rechtsfolgen des alten Rechts gegen Treu und Glauben verstieße.

Zusammenfassend ist festzustellen:

Die Unvorhersehbarkeit der Rückanknüpfung allein ist kein zureichender Grund, Nichtigkeit eines Gesetzes anzunehmen.

c) Vorhersehbare Rückanknüpfung. § 34

Sieht der Betroffene im Rückanknüpfungszeitraum voraus, daß ein rückanknüpfendes Gesetz erlassen werden wird, und kennt er dessen Inhalt, so kann er sich in seinem Planen und Disponieren auf die Rechtsfolgen einrichten.

Handelt der Betroffene vor Erlaß einer vorausgesehenen neuen Regelung, so ist das sein Risiko[1]).

Deshalb entfallen bei vorhersehbar rückanknüpfenden Gesetzen in aller Regel diejenigen Interessen der Betroffenen, welche unvorhersehbar rückanknüpfenden Gesetzen entgegenstehen. Die Interessen des Gesetzgebers an Rückanknüpfung setzen sich insofern ungehindert durch[2]).

Die Frage ist: wann ist ein Gesetz vorhersehbar?

Für den Gesetzgeber wäre es günstig, wenn Vorhersehbarkeit der Rechtsfolgen im Zeitpunkt der Tatbestandsverwirklichung bedeutete: irgendwie vorhersehbar. Dann wäre ein rückanknüpfendes Gesetz schon dann vorhersehbar, wenn sein Entwurf beraten und in Parlamentsberichten erwähnt oder gar nur in der Presse Mitteilung darüber gemacht wurde.

Demgegenüber wollen die Betroffenen nicht damit überlastet werden, in Parlaments- oder Presseberichten auf Gesetzentwürfe achten zu müssen. Auch besteht für sie Ungewißheit, wenn sie einen Gesetzentwurf kennenlernen, ob er auch Gesetz werden wird. Überdies bleibt der genaue Inhalt eines Gesetzentwurfs bis zum Beratungsabschluß unsicher. Die Betroffenen haben daher ein Interesse daran, daß rückanknüpfende Gesetze nur dann als vorhersehbar gelten, wenn der zukünftige Erlaß

---

[1]) Anders wieder: wenn jetzigen Rechtsgeschäften voraussichtlich später die Wirksamkeit entzogen werden wird, der Gesetzgeber für andere rechtliche Möglichkeiten, einen gewissen rechtlichen Erfolg zu erzielen, z. Zt. aber nicht gesorgt hat; oder wenn der Gesetzgeber einerseits verbietet, sich vor der Verkündung auf das neue Gesetz einzurichten, andererseits nachträglich keine Rücksicht auf diese Lage nimmt: z. B. nützt die Voraussehbarkeit einer rückanknüpfenden Umsatzsteuererhöhung dem Betroffenen nichts, wenn er nicht im Rückanknüpfungszeitraum die Steuererhöhung auf seine Abnehmer überwälzen kann: vgl. dazu § 33 zu Anm. 10 und § 38 zu Anm. 4, 5.

[2]) Franke, Grundsatz S. 155.

sicher ist und der Gesetzesinhalt in einem Maße feststeht, daß sie sich darauf einrichten können.

Diese Interessenlage führt zu folgendem Begriff der Voraussehbarkeit rückanknüpfender Gesetze:

Rückanknüpfung ist voraussehbar, wenn jeder verständige — später — Betroffene nach Treu und Glauben damit rechnen mußte, daß ein Gesetz mit annähernd bestimmbarem Inhalt nachträglich erlassen werden wird.

Man muß damit rechnen, daß ein Hebesatz für eine geltende Jahressteuer[3]) gegebenenfalls erst während des Steuerjahres (Besteuerungszeitraumes) festgesetzt wird[4]); ebenso, daß ein abgelaufenes Zeitgesetz verlängert wird, wenn z. Zt. seines Außerkrafttretens im Parlament hierüber beraten und dies in der (Fach-)Presse mitgeteilt wird[5]).

Steht infolge veränderter Verhältnisse die gesetzte Rechtslage mit dem Sittengesetz nicht mehr in Einklang, so ist vorauszusehen, daß der Gesetzgeber das gesetzte Recht wieder in Einklang mit dem Sittengesetz bringen wird — notfalls mittels Rückanknüpfung. Kündigt ein früheres Gesetz die Rückanknüpfung eines späteren Gesetzes an, so wird das spätere Gesetz in der Regel[6]) voraussehbar sein. Bei Gesetzen, die einen — erkennbar nur vorläufig geregelten — Sachverhalt abschließend ordnen, ist die Rückanknüpfung voraussehbar[7]).

Wird z. B. eine Rechtsverordnung aus rein formellen Gründen für nichtig erklärt, so muß mit rückanknüpfender Wiederherstellung ihrer

---

[3]) Preuß. OVGE 60 S. 256 sprach von „Jahresgesetzen"; das neue Schrifttum nennt diese Gesetze „Zeitabschnittsregelungen" (Weber, Arch. öff. R. 77 S. 84; F. Klein, Monographie), während Vervier, Rechtswechsel S. 68 von „verspäteter Veranlagung" redete.

[4]) Erhöhung des Grundsteuerhebesatzes: BFH in BStBl. 1954 III S. 61; für Zeitabschnittsregelungen — Festsetzung des Hebesatzes der Lohnsummensteuer — kommt das BVerwG (in NJW 1956 S. 726 = BB 1956 S. 556 = Kommunale Steuerzeitung (Siegburg) 1956 S. 81 und 106) zu demselben Ergebnis; ebenso W. Weber in Arch. öff. R., Bd. 77 S. 84; Klein in StW 1954 Sp. 10. Surén-Loschelder, Kommentar, Anm. 4 zu § 3: „Die sog. Jahressteuern (Grundsteuer, Gewerbesteuer, Bürgersteuer) erfassen . . . kraft Gesetzes das einheitliche Steuerjahr . . ., insoweit handelt es sich also nicht um Beilegung rückwirkender Kraft." Den letzten Halbsatz halte ich nicht für richtig, wenn man nicht ergänzt: „rückwirkende Kraft i. S. des § 3 dieses Gesetzes". Der BFH läßt in BStBl. 1953 III S. 250 offen, ob die „rückwirkende" Erhöhung von Steuern für einen abgelaufenen Zeitabschnitt zulässig wäre.

[5]) Ausnahmefall.

[6]) Durch die Währungsgesetzgebung wurde das LAG angekündigt; Coing meint, deshalb sei dessen Rückanknüpfung voraussehbar (in BB 1954 S. 139). Aber die Währungsgesetze wurden teils mit, teils erst nach dem für den Lastenausgleich maßgebenden Stichtag verkündet. Der BGH vertritt in BB 1954 S. 420 die Ansicht, mit dem Lastenausgleich sei für jeden erkennbar nach der Währungsumstellung zu rechnen gewesen (Sperrung durch den Verfasser). Das Lastenausgleichsgesetz bezieht sich aber auf den Währungsstichtag zurück. Art. 117 GG kann nicht als Ankündigung des Gleichberechtigungsgesetzes angesehen werden. Denn dessen Inhalt war nicht annähernd genau bestimmbar.

[7]) BSGE 9 S. 127 = NJW 1959 S. 1338.

Bestimmungen gerechnet werden[8]; zweifelhaft ist es dagegen, ob der Bürger nach Treu und Glauben damit rechnen muß, daß materiell rechtswidrige Verordnungen oder ohne ausreichende Rechtsgrundlage erlassene Verwaltungsakte nachträglich gesetzlich sanktioniert werden. Hier wird es auf den Einzelfall ankommen[9]; so wird man die nachträgliche Sanktion für erlaubt halten, wenn das früher ausgesprochene, jetzt sanktionierte Sollen damals von allen befolgt worden ist.

Soll nachträglich eine vom Bundesverfassungsgericht für richtig erklärte Norm ersetzt werden (§ 79 BVerfGG), muß ebenfalls im Einzelfall geprüft werden, ob die Rückanknüpfung voraussehbar ist.

Für zweifelhaft halte ich, ob jeder tarifgebundene Arbeitgeber- und Arbeitnehmer mit der Rückanknüpfung von Tarifverträgen rechnen muß, wie Hueck-Nipperdey[10]) annehmen.

III. Veränderungen des Sachverhalts im Zeitraum zwischen Tatbestandsverwirklichung und Gesetzesverkündung.

a) Interessenlage. § 35

Bei rückanknüpfenden Gesetzen ist der Tatbestand voll verwirklicht, wenn das Gesetz erlassen wird. Zwischen Tatbestandsverwirklichung und Verkündung schiebt sich ein Zeitraum, der bei „normalen" Gesetzen fehlt. In dieser Zwischenzeit können Ereignisse eintreten, die dem Sach-

---

[8]) OFH in BB 1950 S. 89 Nr. 276; S. 90 Nr. 277: „Rückwirkende" Sanktionierung von ungültigen Verordnungen sei anerkannt; BFH in BStBl. 1954 III S. 183; eine Weinabgabe wurde in der Vergangenheit auf Grund ungültiger Bestimmungen erhoben; einen ähnlichen Fall behandelt Württ.-Bad. VGHE 4 S. 5ff.: dem rückanknüpfenden Regelungsgesetz war eine ungültige Regierungsanordnung vorausgegangen. Auf dem Gebiete des Abgaberechts hat heute noch Bedeutung: Preuß. OVG in Preuß.VBl. Bd. 29 S. 135; jetzt (§70 a Kommunalabgabengesetz; vgl. Schuegraf, Elmar, § 31 BVerfGG und rückwirkende Steuergesetze in NJW 1958 S. 1383. Auch OVG Lüneburg in OVGMstrE 6 S. 263 (264) hält ein rückanknüpfendes Gesetz, das anstelle einer ungültigen früheren Verordnung oder eines alten Gesetzes, das nichtig war, erlassen wird, für erlaubt. Vgl. auch RGZ 106 S. 354, mit dem Erlaß „rückwirkender" Rechtssätze müsse gerechnet werden, wenn vorher Verordnungen mit ähnlichem Inhalt erlassen seien. Werner Weber in Arch. öff. R. Bd. 77 S. 79ff. hält die nachträgliche Klärung ungeordneter Schwebezustände für grundsätzlich zulässig, z. B. soll ein Gesetz an die Stelle eines für verfassungswidrig erklärten Gesetzes treten dürfen. In solchen Fällen ist auch das Interesse des Gesetzgebers zu berücksichtigen, eine Vielzahl von Prozessen von den Gerichten fernzuhalten.

[9]) Für die Rechtmäßigkeit von Staatsakten spricht immerhin eine Vermutung; der Bürger muß sich daher auf den staatlichen Befehl einrichten. Aber Treu und Glauben gebieten nicht, daß er in allen Fällen mit nachträglicher Sanktionierung rechtswidriger Verwaltungsakte rechnen muß; ein Beispiel findet sich in BB 1952 S. 17: von der Außenhandelsstelle des vereinigten Wirtschaftsgebietes unrechtmäßig erhobene Gebühren sollten nicht zurückerstattet werden. Ein Gegenbeispiel findet sich in dem letztlich vom Bundesverfassungsgericht entschiedenen Streit über die hamburgische „rückwirkende" Hundesteuer (Leitsatz in NJW 1957 S. 1395 = BVerfGE 7 S. 129 = DVBl. 1957 S. 642).

[10]) Hueck-Nipperdey, Arbeitsrecht II § 22 A II 3, S. 322 Fn. 8.

verhalt, an den die Rechtsfolgen geknüpft werden, ein anderes Gesicht geben:

Es kann zwischenzeitlich durch rechtskräftiges Urteil über den Sachverhalt nach altem Recht entschieden worden sein; der tatsächliche Zustand, an den das rückanknüpfende Gesetz Rechtsfolgen knüpft, kann vor Erlaß des Gesetzes ein Ende gefunden haben; ein nachträglich modifizierter Anspruch kann vor Erlaß des rückanknüpfenden Gesetzes erfüllt, ein Recht, das nachträglich für nicht entstanden (rechtsunwirksam) erklärt wird, kann zwischenzeitlich erloschen sein. Kurz: vor Erlaß des rückanknüpfenden Gesetzes kann der Sachverhalt, an den nachträglich ein Sollen geknüpft wird, abgeschlossen sein[1]).

Schließlich kann der Sachverhalt sich in anderer Weise zwischenzeitlich „geändert" haben. Herausgegriffen seien folgende Möglichkeiten: das neue Gesetz spricht vergangenen Tatsachen die Rechtserheblichkeit ab, an die nach altem Recht Erwartungen, bedingte Rechte oder Rechte geknüpft waren. Zwischen dem Eintritt der vergangenen Tatsachen und dem Erlaß des neuen Gesetzes ist die Exspektanz oder das bedingte Recht durch den Eintritt weiterer Tatsachen zum Vollrecht geworden, oder ein bereits entstandenes Recht ist zwischenzeitlich verstärkt worden. Z. B. können Gehaltsansprüche eines Beamten, die das neue Recht ihm abspricht, inzwischen fällig geworden sein; der damals erfolgversprechende Antrag auf eine gebundene Erlaubnis, die nach neuem Recht versagt werden müßte, kann inzwischen positiv, aber noch nicht rechtskräftig beschieden sein.

Das gesetzgeberische Interesse daran, Sachverhalte zu regeln, die inzwischen durch rechtskräftiges Urteil oder sonstwie abgeschlossen oder verändert sind, kann in Folgendem liegen: Der frühere Verlauf des Sachverhalts oder dessen alte Regelung widerspricht dem Zweck eines neuen Gesetzes oder dem Sittengesetz. Der Gesetzgeber will frühere soziale Übelstände ausgleichen. Zum Zwecke der Gleichbehandlung aller vorgekommenen mit zukünftig vorkommenden Fällen will das neue Gesetz bereits rechtskräftig oder sonstwie abgeschlossene oder veränderte Fälle erfassen. Schließlich können es fiskalische oder Zweckmäßigkeitserwägungen sein, die zur Ausweitung des Gesetzes auch auf diese Fälle führen; (gesetzgeberische Nachholinteressen).

Seitens der Betroffenen stehen folgende Interessen der nachträglichen Regelung der rechtskräftig oder sonstwie abgeschlossenen oder veränderten Sachverhalte entgegen: Einmal müssen klare Verhältnisse geschaffen werden, die ein weiteres Planen auf sicherer Grundlage ermöglichen. Es handelt sich um ähnliche Interessen, wie sie zur Einführung der Rechtskraft und der Verjährung geführt haben. Diese können umschrieben werden als das Interesse an Stabilität der nach altem Recht endgültigen

[1]) Vgl. oben § 3 Anm. 14.

Rechtspositionen und das Interesse, daß in gesichert erscheinende Rechtspositionen nicht nachträglich eingegriffen werde.

Erstreckt sich das neue Gesetz auch auf rechtskräftig abgeschlossene Fälle, so ist hier auf seiten der Betroffenen insbesondere das Vertrauen in die Bestandskraft und Maßgeblichkeit eines Richterspruchs im Spiel.

Bringt das neue Gesetz abgeschlossene Sachverhalte zum Wiederaufleben, so geschieht dies mittels der historischen Fiktion (oben § 10). Nur das damals geltende Gesetz konnte den Sachverhalt erfassen und trifft ihn noch als ungeregelten und existenten. Erst die gedachte damalige Geltung läßt das neue Gesetz noch auf ein „Etwas" stoßen. Die Betroffenen haben demgegenüber ein Interesse, daß Erloschenes auch als nicht mehr existent behandelt werde. Ferner wird mit einer den Tatbestand abschließenden Handlung fast immer der Wille verbunden sein, den Sachverhalt endgültig zu erledigen[2]). Bei Gesetzen, die an abgeschlossene, willensgetragene Sachverhalte anknüpfen, wird auch dieser Wille negiert.

Entzieht der Gesetzgeber nachträglich einem Sachverhalt die Rechtswirksamkeit, so besteht die Gefahr, daß dem Betroffenen Rechte entzogen werden, die ihm inzwischen wegen dieses Sachverhaltes entstanden waren.

b) Verbotstatbestände. § 36

Zunächst soll die nachträgliche Regelung abgeschlossener Fälle behandelt werden. Sind die rechtskräftig erledigten oder sonstwie abgeschlossenen Fälle vor rückanknüpfenden Gesetzen geschützt?

In der Rechtsprechung und vom Schrifttum wurde bzw. wird fast durchweg ein Anknüpfen von Rechtsfolgen an abgeschlossene Sachverhalte für rechtlich verboten gehalten.

Als Begründung wurde früher in der Rechtsprechung[1]) die Erhaltung wohlerworbener Rechte angeführt. Wie oben §§ 20, 21 dargelegt ist, sind „wohlerworbene Rechte "aber kein judikabler Begriff.

In der Rechtslehre[2]) wurde der Standpunkt vertreten, schon aus konstruktiven Gründen ergäbe sich, daß abgeschlossene Fälle nicht mehr

---

[2]) Bayer. VGH in DÖV 1951 S. 559 = JZ 1951 S. 88.

[1]) Preuß. OVG in Preuß. VerwBl. Bd. 21 S. 10 für VersichR und in Preuß. VerwBl. Bd. 48 S. 314 für Fürsorgerecht; die beiden letzten Entscheidungen begründen das Nichterfassen aus dem Begriff der wohlerworbenen Rechte, ähnlich schon eine Entscheidung des Preuß. OVG v. 31. 3. 1883 in Reger Bd. 5 S. 34. Bayer. VGHE 39 S. 150ff. hält den altrechtlichen Unterstützungswohnsitz i. S. des § 65 II 1 UnterstützungswohnsitzG bei allen abgeschlossenen Fällen aufrecht; vgl. auch Bayer. VGHE 43 S. 50ff. und dazu Vervier, Rechtswechsel S. 41/42; BFH in BStBl. 1958 III S. 222: rechtskräftig abgeschlossene Fälle blieben von einer „Rückwirkung grundsätzlich unberührt".

[2]) Habicht, Einwirkung S. 16; Tietz, NJW 1951 S. 469; v. Tuhr, Allgemeiner Teil Bd. 1 S. 15; neuerdings auch Enneccerus-Nipperdey, Allgemeiner Teil, Halbband I § 61f.: „Definitiv abgeschlossene Fälle" dürften nicht nachträglich geregelt werden, weil eine endgültige Regelung nach altem Recht nicht umgestoßen werden solle; a. A. Vervier, Rechtswechsel S. 34.

wiederaufleben könnten; es sei eben keine Rechtsbeziehung, kein tatsächlicher Zustand oder etwas Ähnliches mehr vorhanden, an das das Gesetz Rechtsfolgen zu knüpfen vermöchte. Aber diese Begründung übersieht, daß die vergangenen Sachverhalte kraft der historischen Fiktion so behandelt werden, als ob sie unter der Geltung des neuen Gesetzes eingetreten und damit noch existent wären[3]). Das ist konstruktiv einwandfrei, zweifelhaft ist nur, ob der Gesetzgeber zu dieser Konstruktion greifen darf.

Otto von Gierke meinte, die durch Urteil entschiedenen Fälle setzten dem neuen rückanknüpfenden Recht mehr Widerstandskraft entgegen als die sonstwie abgeschlossenen Fälle. Sie seien daher einer neuen Regelung jedenfalls entzogen[4]). Gierkes Ansicht entbehrt der exakten Begründung.

Läßt sich der geltenden Rechtsordnung ein Verbot für den Gesetzgeber entnehmen, an definitiv — nämlich rechtskräftig oder sonstwie — abgeschlossene Sachverhalte nachträglich Rechtsfolgen zu knüpfen?

Rückanknüpfung auf definitiv abgeschlossene Fälle widerstreitet dem Prinzip der Rechtssicherheit in seiner Bedeutung als Rechtsdauerinteresse.

Ganz allgemein kann das durch rückanknüpfende Gesetze verletzte Rechtssicherheitsprinzip die Rückanknüpfung nicht verbieten, obwohl es im Rechtsstaatsprinzip (Art. 20 GG) verankert ist[5]); wie oben (§ 23) nachgewiesen ist, liegt das daran: Die Wahrung des Rechtssicherheitsprinzips ist weder notwendige Wirksamkeitsbedingung der Gesetze, noch erkennt man ihm überwiegendes Gewicht gegenüber anderen oberen Grundsätzen des Rechts zu, die ihrerseits für die Wirksamkeit der Rückanknüpfung sprechen können.

Für den hier zu entscheidenden, genau abgegrenzten Interessenwiderstreit muß aber etwas anderes gelten. Die Rechtsordnung erkennt die Rechtssicherheit in der Bedeutung des Rechtsdauerinteresses als maßgebendes und tragendes Prinzip nämlich auch sonst an, wenn Fälle definitiv abgeschlossen oder abgewickelt sind —

---

[3]) So findet z. B. das Bayer. Urlaubsgesetz vom 11. 5. 1950 (Sammelblatt 1950 S. 563) nach Art. 14 rückanknüpfend ab 1. 1. 1950 Anwendung und zwar auch auf Beschäftigungsverhältnisse, die vor Verkündung schon aufgelöst waren. An schon aus dem Betrieb ausgeschiedene Arbeitnehmer muß das Urlaubsgeld nachgezahlt werden. Daraus ergibt sich, daß hier ein erloschenes Arbeitsverhältnis wieder Rechtspflichten erzeugt, also fiktiv wieder aufgelebt sein muß.

[4]) O. v. Gierke, Privatrecht S. 190; Lüneburg OVGE 6 S. 263f. (265). OLG Düsseldorf in NJW 1952 S. 830 lehnte die Wiederaufnahme eines Verfahrens ab, auch wenn jetzt rückanknüpfend anders zu entscheiden wäre; BGHZ 3 S. 82ff. (85): nur anhängige Prozesse könnten mit einem neu eingeführten Rechtsmittel angefochten werden; das sei ein Grundsatz, der bisher noch nicht durchbrochen worden sei; letzteres trifft nicht zu; vgl. Art. II EGRVO vom 23. 7. 1921 (RGBl. I S. 984ff.); §§ 3 und 5 der VO über das Steuerverfahren während der Übergangszeit zu § 26 RAO vom 11. 10. 1921 (RGBl. I S. 1305f.).

[5]) Zutreffend F. Klein; vgl. oben § 22 bei Fußnote 5.

argumento: § 362 BGB, das Schuldverhältnis erlischt, wenn die geschuldete Leistung an den Gläubiger bewirkt wird; § 222 BGB Wirkung der Verjährung; die Rechtsinstitute der Rechtskraft, der Präklusion (§ 767 II ZPO) der Verwirkung usw.

Diesen Vorschriften liegt der allgemeine Rechtsgrundsatz zugrunde, daß das Rechtssicherheitsprinzip bei definitiv abgeschlossenen Sachverhalten dominieren muß: da das Rechtssicherheitsprinzip im Rechtsstaatsprinzip verankert ist, bindet es nach Art. 20 III GG insoweit auch den Gesetzgeber und behauptet sich daher gegenüber rückanknüpfenden Gesetzen.

Zwar ist das Prinzip der Rechtssicherheit auch in diesen Fällen nicht undurchbrechbar (§ 826 BGB kann die Vollstreckung rechtskräftiger Urteile hindern; vgl. auch §§ 18, 19 Zuständigkeitsergänzungsgesetz); aber Durchbrechungen gibt es nur, wenn sonst eine äußerste materielle Ungerechtigkeit eintreten würde.

Folgt die Unzulässigkeit, definitiv abgeschlossene Sachverhalte wiederaufleben zu lassen, aus dem Stabilitätsinteresse, so wird man mit Giese[6]) dann eine Ausnahme von der regelmäßigen Integrität definitiv abgeschlossener Fälle zulassen müssen, wenn die staatliche Ordnung und rechtliche Sicherheit — z. B. durch einen Krieg — ,,in so hohem Maße gestört sind, daß man dieser Gefahr nicht anders als durch rückwirkende Regelungen würde begegnen können". Denn die Unzulässigkeit der Rückanknüpfung wegen Verstoßes gegen das Stabilitätsinteresse setzt ja voraus, daß ohne die Rückanknüpfung mehr Rechtssicherheit bestände. Fehlt diese aber gänzlich, so schafft das rückanknüpfende Gesetz in jedem Fall mehr Rechtssicherheit, als ohne es vorhanden gewesen wäre.

Ich meine deshalb den Satz aufstellen zu können: Definitiv abgeschlossene Fälle dürfen nicht nachträglich einer neuen Regelung unterworfen werden[7]), wenn nicht gerade die ,,Nichteinbeziehung der bereits abgeschlossenen Tatbestände mit den äußersten Grenzen der Gerechtigkeit unvereinbar"[8]) wäre oder sonst Gefahr für die staatliche Ordnung drohen würde.

---

[6]) Giese in DÖV 1954 S. 323.

[7]) Bayer. VGHE n. F. 3 II 129ff. (137) = Bayer.GVBl. 1950 Rsprteil S. 266 = JZ 1951 S. 88 Nr. 3 = DÖV 1951 S. 559: Eine Regelung von Rechtsfällen, die in der Vergangenheit endgültig abgeschlossen waren und nun nachträglich wieder aufleben sollen, würde gegen Rechtsstaatsgrundsätze verstoßen und nichtig sein (vgl. auch Schuegraf NJW 1958 S. 1383). OVG Hamburg in VerwRspr., Bd. 1952 S. 176: „Rückwirkung" auf abgeschlossene Sachverhalte unterliege erheblichen rechtspolitischen Bedenken. Häufig nehmen Gesetze die abgeschlossenen Fälle von der rückanknüpfenden Regelung aus: So § 26 III MuSchG vom 24. 1. 1952 (BGBl. I S. 69) die rechtskräftig festgestellten oder befriedigten früheren Wochenhilfefälle

[8]) BVerfGE 4 S. 219ff. (244—246). Das BSG verneint im Urt. vom 10. 2.1960 (NJW 1960 S. 788), daß das Unterbleiben der Nachversicherung für schon früher ausgeschiedene Referendare gegen den Gleichheitssatz verstoße.

Insbesondere können abgeschlossene Sachverhalte der Privatrechtssphäre nicht mehr aufleben. Das ergibt sich für den Bereich der Privatautonomie nicht nur aus dem dominierenden Stabilitätsinteresse, sondern auch aus der Bedeutung, die unsere Rechtsordnung dem privaten Willensakt beimißt. Beruht das Erlöschen oder die sonstige Erledigung auf einem Willensakt, so muß dieser respektiert werden. Ausnahmen sind statthaft, wenn schon die frühere Willensbildung anfechtbar erscheint wie etwa im Rückerstattungsrecht oder bei zwingend notwendiger Regulierung einer sozialen Fehlentwicklung (vgl. den Fall oben in Fußn. 3).

Diejenigen rückanknüpfenden Gesetze müssen noch untersucht werden, die zwar nicht zwischenzeitlich definitiv abgeschlossene Fälle, aber doch zwischenzeitlich geänderte Fälle nachträglich regeln. Schon bei der Erörterung der Interessenlage (§ 36) ist festgestellt, daß es sich hierbei um Gesetze handeln kann, die Rechte entziehen. Daher ist zu fragen, ob Art. 14 GG eingreift.

Es bestehen zwei Möglichkeiten:

Das Gesetz betrifft hinsichtlich der zukünftigen Fälle keine durch Art. 14 III GG geschützten Vermögensrechte, nur für die Vergangenheit liegt es anders — z. B. weil insoweit die Rechte schon als Vermögensrechte entstanden und fällig sind. Die dem Gesetz für die Zukunft unterfallenden Exspektanzen können für die Vergangenheit schon zum Vermögensrecht ausgereift sein. Für die Vergangenheit kann eine Enteignung ausgesprochen sein, ohne daß man dies der Klausel: „. . . tritt rückwirkend in Kraft“ ansieht.

Folgende Beispiele zeigen das:

Das Bundesverfassungsgericht[9]) entschied: Vermögenswerte Rechte des öffentlichen Rechts mit Fürsorgecharakter seien regelmäßig nicht als Eigentum i. S. des Art. 14 I GG anzusehen. Die vermögensrechtlichen Ansprüche der Beamten und Versorgungsempfänger hätten ihre Grundlage in einem besonderen Gewaltverhältnis. Die durch Gesetz zu Art. 131 GG erfolgte Herabsetzung der Versorgungsansprüche könne also nicht gegen Art. 14 GG verstoßen. Dagegen wurden vom Bundesgerichtshof[10]) jedenfalls die bis zum Inkrafttreten des Gesetzes zu Art. 131 GG entstandenen Forderungen als eigentumsähnliche Rechte angesehen[11]).

Das Schwerbeschädigtengesetz vom 1. 5. 1953 bestimmt in § 40 III, daß es hinsichtlich gewisser Ausgleichsabgaben, wie sie in der US-Zone vom 8. 5. 45 bis 1. 5. 53 erhoben worden waren, sein Bewenden habe. Die Rechtsgrundlage dieser Ausgleichsabgabe war bestritten. Fehlte sie, so lag in dem Gesetz eine nachträgliche Entziehung aller Erstattungs-

---

[9]) BVerfGE 1 S. 264 (= NJW 1952 S. 865); 2 S. 380 (= NJW 1953 S. 1137 ff.) und BVerfG in NJW 1954 S. 21 ff. (26), zustimmend Forsthoff in NJW 1955 S. 1250; vgl. aber BSGE 9 S. 127 f. = NJW 1959 S. 1338: Rentenansprüche der Sozialversicherung seien Eigentum i. S. des Art. 14 GG.

[10]) BGHZ 6 S. 53 = NJW 1954 S. 1073 ff. (1081); vgl. NJW 53 S. 1067.

[11]) Das BVerfG ließ diese Frage offen.

ansprüche gegen den Staat. Diese waren bereits als vermögensrechtliche Ansprüche entstanden — zum Teil auch rechtshängig. Ihr Entzug stellt daher eine Enteignung dar[12]), wenn man nicht diese Ansprüche mit Rücksicht auf ihren öffentlich-rechtlichen Charakter für nicht enteignungsfähig hält. In einem ähnlich liegenden Fall war das DOG[13]) der Ansicht, eine nachträgliche Erhöhung der bereits gezahlten Prämien der Kaskoversicherung sei eine Enteignung.

Bei rückanknüpfenden Gesetzen, die in Rechtspositionen eingreifen, ist daher stets zu prüfen, ob nicht wegen zwischenzeitlicher Verstärkung der Rechtsposition eine Enteignung vorliegt.[14])

Die zweite Möglichkeit, wie es zu einer Enteignung gerade infolge der Rückanknüpfung kommen kann, wird durch den dem Enteignungsinstitut zugrunde liegenden Gedanken des Sonderopfers ins Spiel gebracht: Enthält ein Gesetz für die zukünftigen Fälle nur Eigentumsschranken, trifft es die von der „Rückwirkungsklausel" Betroffenen für die vergangenen Fälle aber besonders hart, so kann diesen infolgedessen ein Sonderopfer auferlegt und damit Enteignung gegeben sein. Diese zweite Möglichkeit, wie es zur Enteignung durch Rückanknüpfung kommen kann, ist aber nicht durch Veränderungen des Sachverhalts im Zeitraum zwischen Tatbestandsverwirklichung und Gesetzesverkündung verursacht. Sie ist daher nicht hier (III.), sondern erst im Folgenden zu untersuchen.

IV. Technische Fiktion.

a) Interessenlage. § 37

Klauselgesetze regeln die vergangenen und die zukünftigen Fälle in identischer Weise.

Das gesetzgeberische Interesse hieran kann sich aus folgender Situation ergeben: Ein Zeitgesetz ist abgelaufen; das verspätete Verlängerungsgesetz ergreift die Fälle der Vakanzzeit nachträglich durch Rückanknüpfung. Der Gesetzgeber will damit alle drei Fallgruppen gleich behandeln — die unter der Geltung des alten Zeitgesetzes eingetretenen Fälle, die während der Vakanzzeit vorgekommenen und die zukünftigen Fälle.

Die Situation kann auch diese sein: Es treten plötzlich neuartige Fälle ein, die der Regelung bedürfen. Der Gesetzgeber erkennt sie zu spät; um alle neuen Fälle gleichmäßig zu erfassen, gibt er dem Gesetz „rückwirkende" Kraft.

---

[12]) Vgl. Brecht in BB 1953 S. 679.

[13]) DOG in NJW 1950 S. 231.

[14]) Enneccerus-Nipperdey in Allgemeiner Teil, 1. Halbband § 61 VI 6., S. 221 Bei dem rückanknüpfenden Entzug von Beamtenrechten kommt statt Art. 14 GG der Art. 33 (5) GG in Betracht (BVerfG in ZBR 1959 S. 48ff. (54); a. A. Diszipl. Sen. OVG Mtr. in ZBR 1956 S. 227 [zu § 103 DO NW]).

Der Gesetzgeber bezweckt mit der „Rückwirkungsklausel“ also vornehmlich, die vergangenen und die zukünftigen Fälle aus Zweckmäßigkeits- oder Gerechtigkeitsgründen einheitlich zu regeln.

Die Interessen der Betroffenen gegenüber der Gleichschaltung der vergangenen mit den zukünftigen Fällen liegen in Folgendem: Die Adressaten der Rückanknüpfungsklausel können den Rechtsfolgen nicht mehr ausweichen, die übrigen Adressaten dagegen vermögen das; die Adressaten der Rückanknüpfungsklausel werden gegebenenfalls im Planen und Disponieren gestört, die übrigen können sich auf die Rechtsfolgen noch einrichten; die Adressaten der Rückanknüpfungsklausel haben die nun erhöhte Speiseeisabgabe nicht auf den Preis aufschlagen können, für die Zukunft ist das anders usw.

Für die Betroffenen kann die Gleichstellung der vergangenen mit den zukünftigen Fällen ungleich wirken; denn die vergangenen Fälle gleichen nur äußerlich im Tatbestand den zukünftigen Fällen. Schwenk[15]) macht z. B. darauf aufmerksam, daß durch § 2 II der 15. DVO-LA fingiert werde, der Rückerstattungsberechtigte sei am 20. 6. 1948 persönlicher Schuldner gewesen, so daß er zur HGA heranzuziehen sei. Dadurch werde er „ungerechterweise“ demjenigen gleichgestellt, der seine Schuld in Reichsmark vor dem Währungsstichtag begleichen konnte. Derartige Situationen treten häufig ein. Für eine große Zahl von Klauselgesetzen ist der Zeitpunkt der Tatbestandsverwirklichung ein wesentliches Element für die beteiligten Interessen. Bleibt der zurückliegende Zeitpunkt der Tatbestandsverwirklichung hier unberücksichtigt, so treffen die Rechtsfolgen des Klauselgesetzes die Adressaten ungleich, je nachdem ob die Rechtsfolgen an vergangene oder zukünftige Sachverhalte geknüpft werden.

§ 38 b) Verbotstatbestände.

Als Verbotstatbestände kommen Art. 3 I und 14 GG in Betracht.

Der Gleichheitssatz gebietet, bei wesentlich gleichen Sachverhalten auch gleiche Rechtsfolgen eintreten zu lassen[1]); er verbietet, wesentlich Ungleiches gleich zu behandeln[2]) (äußeres — materielles — Gleichheitsgebot). Diese Gleichheitsbeziehung fordert also, daß der Tatbestand eines Gesetzes alle Sachverhalte wesentlich gleicher Beschaffenheit erfaßt, aber auch, daß er nur die Sachverhalte wesentlich gleicher Beschaffenheit erfaßt.

---

[15]) E. H. Schwenck, Noch einmal Rückerstattung und Hypothekengewinnabgabe, in NJW 1957 S. 92f.

[1]) Hans J. Wolff, Verwaltungsrecht I, § 30 I b 2; § 60 I b 3; BVerfGE 1 S. 14 (52) = NJW 1951 S. 877 (879) = JZ 1951 S. 728 (732) = DVBl. 1952 S. 15; BVerfGE 3 S. 377 (380) = JZ 1954 S. 452 = DVBl. 1954 S. 404.

[2]) BVerfGE 4 S. 145 (155); 9 S. 338 (349/350); aber auch bereits BVerfGE 3 S. 225 = NJW 1954 S. 65 (III 1 b, aa). Bonner Kommentar (Wernicke), Art. 3, Anm. II: „Ebensowenig darf er (der Gesetzgeber) künstlich Gleichheiten schaffen. Er . . . muß vielmehr bestehende Ungleichheiten, vor allem naturgegebene Ungleichheiten . . . berücksichtigen.“ Klein in Mangoldt-Klein, Kommentar, Art. 3 Anm. II

Die einheitliche Regelung zukünftiger und vergangener Sachverhalte durch die Klauselgesetze verstößt gegen das äußere — materielle — Gleichheitsgebot, wenn die vergangenen Fälle wesentliche Ungleichheiten gegenüber den zukünftigen Fällen aufweisen. Die Ungleichheit liegt vor, wenn die zeitliche Lage der Sachverhalte sich als ein wesentliches Merkmal im Hinblick auf die beteiligten Interessen darstellt[3]).

Für rückanknüpfende Umsatzsteuergesetze[4]) oder eine rückanknüpfende Speiseeisabgabe[5]) folgt aus dieser Erkenntnis: Sie sind wegen Verstoßes gegen den Gleichheitsgrundsatz nichtig — auch dann, wenn sie etwa voraussehbar waren. Denn bei derartigen Regelungen ist die zeitliche Lage der Sachverhalte von wesentlicher Bedeutung; die wegen der vergangenen Fälle Abgabepflichtigen können die Steuer nicht abwälzen, während dies für die Zukunft geschehen kann; im Rückanknüpfungszeitraum durften sie es nicht, weil das neue Gesetz noch nicht galt; jetzt können sie es nicht mehr, weil die Geschäfte längst abgewickelt sind.

Man könnte einwenden: Die Rückanknüpfungsklausel verhindere, daß die vergangenen Sachverhalte ungeregelt bleiben, während die zukünftigen — ähnlichen — Sachverhalte der neuen Regelung unterworfen werden; deshalb scheine das Gebot der Gleichbehandlung des wesentlich Gleichen bei entsprechender Sachlage für die Rückanknüpfung zu sprechen. Aber die einheitliche Regelung der vergangenen mit den zukünftigen Sachverhalten wird von dem Gleichheitsgebot nur dann gefordert, wenn die temporale Lage der kraft der „Rückwirkungsklausel" erfaßten Fälle nur akzidenteller Natur ist. Unter dieser Voraussetzung kann der Gleichheitssatz die Gleichstellung der vergangenen mit den zukünftigen Sachverhalten allerdings gerade gebieten; auch Zweckmäßigkeitserwägungen (Verwaltungs-, Betriebsvereinfachung) können für die Gleichbehandlung der vergangenen mit den zukünftigen Sachverhalten unter der Voraussetzung sprechen, daß die zeitliche Lage der Sachverhalte unwesentlich ist.

Wenn jedoch die zeitliche Lage der vergangenen Sachverhalte ein für die beteiligten Interessen wesentliches Moment der Ungleichheit zu den zukünftigen Fällen darstellt, darf eine einheitliche Behandlung der vergangenen und der zukünftigen Sachverhalte nicht erfolgen.

Es ist also festzustellen:

Je nach den Umständen, nach der Art der statuierten Rechtsfolgen

---

1: „Sachverhaltlich Ungleiches (Verschiedenes) ist je nach seiner Eigenart rechtlich ungleich (unterschiedlich) zu behandeln." A. A. BVerfGE 1 S. 14 (52): Der Gleichheitssatz verbiete nur, daß wesentlich Gleiches ungleich, nicht dagegen, daß wesentlich Ungleiches entsprechend der bestehenden Ungleichheit ungleich behandelt werde; Hildegard Krüger in DVBl. 1956 S. 399: Art. 3 GG verbiete nicht, Ungleiches gleich zu behandeln.

[3]) Vgl. den Verfasser in DVBl. 1956 S. 398, 399.

[4]) Vgl. oben § 33 Fußnote 10; BFH in BStBl. 1953 III S. 250; Wacke, Gerhard, Die Nichtigkeit der Zusatzsteuer in NJW 1958 S. 776.

[5]) Vgl. Württ. Bad. VGH in Dt. Steuerrundschau 1952 S. 270f.

können Klauselgesetze gegen den äußeren — materiellen — Gleichheitssatz verstoßen und deshalb nichtig sein (vgl. § 31 zu Fußn. 23).

Bewirkt die Rückanknüpfung bei gewissen Interessenlagen Ungleichheiten, so kann die Befolgung des rückanknüpfenden Gesetzes ein Sonderopfer für die Betroffenen bedeuten. Würde z. B. eine Bausperre wegen örtlicher Planungen, die regelmäßig noch keine Enteignung darstellen[6]), rückwärtshin erlassen, also auch begonnene Bauten treffen und zur Einstellung der Bauten führen, so wirkt sie für derartig Betroffene erheblich beschwerender als das für die Zukunft ergehende Bauverbot für die davon Betroffenen.

Seit BGHZ 6 S. 270[7]) ist das Wesen der Enteignung als eine Sonderbeeinträchtigung erkannt; dem einzelnen oder einzelnen Gruppen wird ein besonderes, also ungleich treffendes, anderen nicht zugemutetes Opfer im Interesse der Allgemeinheit auferlegt. Die Ungleichheit der Opferlage tritt ein, wenn die Rechtsfolgen an akzidentelle Momente des Sachverhalts anknüpfen; der Adressat ist verpflichtet, um des Akzidens willen dem gemeinschaftlichen Wohle das Essentiale zum Opfer zu bringen; in solchen Fällen gebietet die Gerechtigkeit, die materielle Gleichheit durch eine Entschädigung wiederherzustellen[8]).

Es kann nun die Lage eintreten, daß ein Klauselgesetz Rechtsfolgen an die essentiellen Momente der zukünftigen Sachverhalte knüpft, daß jedoch bei den von demselben Klauselgesetz erfaßten vergangenen Sachverhalten diese essentiellen Momente inzwischen ihre wertbestimmende Bedeutung verloren haben und nur noch akzidenteller Natur sind. In dem erdachten Beispiel der rückanknüpfenden Verhängung einer Bausperre wegen schwebender Ortsplanungen liegt es so: Es ist ein Essentiale des Bauroh- bzw. Bauerwartungslandes, daß es in eine Planung einbezogen wird. Die Bausperre wird also bei Baurohland an ein Essentiale geknüpft. Sie wirkt daher nicht ungleich. Wird die Bausperre aber rückwärtshin verhängt, so kann die Bausperre bereits genehmigte oder begonnene Bauvorhaben treffen. Für ein genehmigtes Bauvorhaben ist es ein Akzidens, in eine Planung einbezogen zu werden. Die Bausperre trifft daher ungleich und erhält Enteignungscharakter.

Klauselgesetze können also wegen ihrer technischen Fiktion — Gleichschaltung der zukünftigen mit vergangenen Fällen — an Art. 3 I und 14 GG[9]) ihre Schranke finden; es kommt auf die Umstände bei jedem einzelnen Klauselgesetz an.

---

[6]) BGHZ 15 S. 268 = NJW 55 S. 179; BGH in NJW 1956 S. 263; dazu Krassnig, Eigentumsgarantie u. Baubeschränkung, in DÖV 1957 S. 284; BGH in DVBl. 1960 S. 27 ff.

[7]) Gleichfalls in NJW 1952 S. 972 = JZ 1952 S. 537 = MDR 52 S. 640; ebenso BGH GZS in BGHZ 13 S. 265 ff. [8]) Wolff, Verwaltungsrecht § 60 I b.

[9]) In BGHZ 18 S. 81 = NJW 1955 S. 1553 ff. (1555) ist die Möglichkeit angedeutet, daß infolge der Rückanknüpfung eines Gesetzes eine Enteignungslage entstehen könnte; vgl. auch oben § 36 Anm. 14 und Rinck über die Rechtsprechung des Schweizerischen Bundesgerichtshofs zum Gleichheitssatz in seiner Anwendung auf „rückwirkende“ Steuergesetze in DVBl. 1961 S. 1 ff. (S. 5 zu Fn. 86).

C. Interessenlage und Verbotstatbestände bei sofort einwirkenden — belastenden — Gesetzen.

I. Feststehender Adressatenkreis und fixierte Fälle. § 39

Bei sofort einwirkenden Gesetzen hat die Tatbestandsverwirklichung vor Gesetzeserlaß begonnen, der Tatbestand vollendet sich aber erst später. In der Regel wird daher der Kreis der Adressaten und der geregelten Fälle nicht feststehen, weil die zukünftige Vollendung eines Tatbestandes meist ungewiß ist.

Wie oben § 11 festgestellt worden ist, kann der Adressatenkreis (und die Zahl der geregelten Fälle) aber auch bei Gesetzeserlaß bereits feststehen: dann nämlich, wenn das sofort einwirkende Gesetz ausschließlich schwebende Fälle, also keine rein zukünftig eintretenden Fälle betrifft; und wenn zudem gewiß ist, daß der Tatbestand sich in allen erfaßten schwebenden Fällen vollenden wird (z. B. Abwicklung des Fideikommißbesitzes nach dem ersten Weltkrieg).

Das gesetzgeberische Interesse daran, feststehende Adressatenkreise und fixierte Fälle zu regeln, kann darin bestehen, den Umfang der Regelung von Anfang an übersehen zu können (Bedarfsdeckung bei Bodenreformgesetzen); es kann aber auch so sein, daß die Lage einzelner besonderer Gruppen (Adel) besondere, nur für diese Gruppen passende Anordnungen erheischt.

Die Betroffenen haben das Interesse, nicht Objekt von gesetzgeberischen Einzelmaßnahmen zu sein.

Die Interessenlage deckt sich also genau mit der Interessenlage, wie sie bei rückanknüpfenden Stichtaggesetzen entstehen (oben § 30). Daher müssen auch die rechtlichen Folgen die gleichen sein: Nichtigkeit wegen Verstoßes gegen Art. 19 I 1 oder Art. 3 I GG, wenn sofort einwirkende Gesetze, die sich an feststehende Adressatenkreise richten und nur bestimmte Fälle betreffen, nicht alle Sachverhalte wesentlich gleicher Beschaffenheit erfassen.

II. Beginn der Tatbestandsverwirklichung vor Verkündung des Gesetzes — Vollendung der Tatbestandserfüllung nach Verkündung des Gesetzes. § 40

Auf den Zeitpunkt der beginnenden Tatbestandsverwirklichung abgestellt, können auch sofort einwirkende Gesetze unvorhersehbar sein. Mit der Verwirklichung des Tatbestandes kann begonnen sein, bevor bekannt war, daß das Gesetz erlassen werden würde.

Mit sofortiger Einwirkung erreicht der Gesetzgeber: es gibt kein Nebeneinander von altem und neuem Recht hinsichtlich der zukünftigen Tatbestandsvollendung; es wird also Verwirrung infolge der Anwendung von zweierlei Recht vermieden; zugleich wird rationelles Verwalten erleichtert. Sofortige Einwirkung hilft zudem, wirtschaftliche und soziale Fehlentwicklungen unverzüglich zu beseitigen, das Sittengesetz schnell zu erfüllen usw.; sofortige Einwirkung ermöglicht also sofortige Anpassung an inzwischen veränderte Verhältnisse[1]).

Hinter der sofortigen Einwirkung stehen also zwei gesetzgeberische Interessen: Das Interesse, Verwirrung zu vermeiden, und ein Anpassungsinteresse.

Ein gesetzgeberisches Interesse an Unvorhersehbarkeit der sofortigen Einwirkung ist nicht ersichtlich.

Der Bürger richtet sich in seinem „Planen und Disponieren"[2]) auf die ihm bekannten Rechtsfolgen ein, die aus der Verwirklichung gewisser Tatbestände für ihn entstehen. Auf unvorhersehbare Rechtsfolgen aus vergangenen Tatbeständen kann er sich nicht einrichten; auf unvoraussehbare Rechtsfolgen aus einer teilweise vergangenen, teilweise in Zukunft erwarteten Tatbestandsverwirklichung kann er sich zwar in Planen und Disponieren einrichten; aber er hat weniger Zeit zur Verfügung. Bei „normalen" Gesetzen kann er sich auf die Rechtsfolgen in der gesamten Zeit von Beginn der Tatbestandsverwirklichung bis zu dessen Vollendung einstellen, bei sofort einwirkenden Gesetzen steht ihm nur ein Teil dieser Zeitspanne zur Verfügung. Insofern wird er durch sofort einwirkende Gesetze in seinem Planen und Disponieren in höherem Maße gestört als durch „normale" Gesetze[3]).

Der Bürger verläßt sich darauf, daß die Rechtsfolgen eintreten, die die Rechtsordnung an eine bestimmte Tatbestandsverwirklichung knüpft. Deshalb hat er ein Interesse daran, daß sein erlaubtes Handeln auch entsprechende Rechtsfolgen zeitigt. Aber er kann sich erst darauf verlassen, daß Rechtsfolgen eintreten, wenn der rechtsfolgenauslösende Tatbestand voll verwirklicht ist. Werden durch sofort einwirkende Gesetze — also vor Tatbestandsvollendung — die gewünschten Rechtsfolgen versagt, so ist sein Vertrauen in die Rechtsordnung nicht verletzt[4]). Der Bürger trägt das Risiko, daß das Recht sich ändert, bevor z. B. auf seinen Antrag eine Konzession erteilt wird; denn diese muß nach dem neuen Recht ergehen[5]). Mithin gibt es bei sofort einwirkenden Gesetzen

---

[1]) Rechtsverhältnisse und Rechte, die ihrem Inhalt nach nur auf Gesetz beruhen und der Parteivereinbarung entzogen sind oder wegen des sozialen Übergewichts einer Partei dem Kräftespiel nicht überlassen werden können, können dem Wandel der Zeit gar nicht anders angepaßt werden als durch sofortige Einwirkung.

[2]) Vgl. oben § 33.

[3]) Vgl. Eugen Jorcks in BB 1957 S. 1274ff. (IV. 2.) und besonders BGH vom 15. 6. 1960 — NJW 1960 S. 1808 —, zur Anwendung eines neuen Vorkaufsrechts nach dem nds. AufbauG auf schwebend unwirksame Verträge: die Betroffenen würden „überrascht" (S. 1809 r. Sp.).

[4]) Ist vor Erlaß des neuen Gesetzes eine Konzession bereits erteilt oder ein Anwartschaftsrecht für den Betroffenen entstanden, so werden diese durch sofort einwirkende Gesetze nicht entzogen; ein Entzug des Konzessions- oder Anwartschaftsrechts wäre Rückanknüpfung, weil der Tatbestand für die Entziehungsrechtsfolgen bereits vor Gesetzeserlaß verwirklicht ist.

[5]) Vervier, Rechtswechsel S. 180; Art. 5 EG RVO, der das alte Recht für maßgeblich erklärt, trägt Ausnahmecharakter.

kein Interesse der Betroffenen, das dem „Interesse an Rücksichtnahme auf damals erlaubtes Handeln" bei rückanknüpfenden Gesetzen entspräche.

Bei unvorhersehbaren, sofort einwirkenden Gesetzen stehen sich also das Interesse an Vermeidung von Verwirrung sowie das Anpassungsinteresse auf Seiten des Gesetzgebers und das Interesse an „Rücksichtnahme auf Planen und Disponieren" auf Seiten der Betroffenen gegenüber. Der Gesetzgeber fordert das neue Sollen erst bei voller Tatbestandsverwirklichung in Zukunft. Er nimmt also eine gewisse Rücksicht auf das Interesse der Betroffenen, ungehindert planen und disponieren zu können. Daher kann sich das Interesse der Betroffenen gegenüber den gesetzgeberischen Interessen nicht grundsätzlich behaupten.[6])

Nur wenn die Zeitpsanne, die den Betroffenen zum Einplanen der neuen Rechtsfolgen bleibt, den Umständen nach völlig unzureichend ist und die Betroffenen sich daher nicht mehr auf die Rechtsfolgen einrichten können, wie sie es bei „normalen" Gesetzen typischer- und erlaubterweise vermocht hätten, kann etwas anderes gelten. Ich denke an eine sofort einwirkende Justizausbildungsordnung, die auch für die Rechtskandidaten des bisher letzten Semesters das Studium ab sofort um zwei Semester verlängert; oder an ein Gesetz, das mit sofortiger Einwirkung die mittelbare Steuervergünstigung für Zweitaktmotore (Hubraumbesteuerung) aufhebt, so daß dadurch die entsprechenden Industrien die schon gebauten Kraftfahrzeuge nicht absetzen können.

M. E. ist es nicht möglich, allgemeine Regeln aufzustellen, wann die Interessen des Gesetzgebers und wann das Interesse der Betroffenen überwiegen. Es kommt auf die Interessenlage bei jedem einzelnen sofort einwirkenden Gesetz an.

Das Rechtsstaatsprinzip erfordert: Für den einzelnen dürfen nicht unvorhersehbar Rechtsfolgen statuiert werden, ohne daß ein überwiegendes Gesamtinteresse dies gebietet. Daraus folgt:

Unvorhersehbare belastende Rechtsfolgen wegen teilweise vergangener Sachverhalte sind unzulässig, wenn die Betroffenen sich in ihrem Planen und Disponieren auf die Rechtsfolgen nicht einrichten konnten, auf die sie sich bei reinen Zukunftsregelungen typischerweise eingerichtet hätten, vorausgesetzt, daß nicht bei dem einzelnen Gesetz das gesetzgeberische Interesse an Vermeidung von Verwirrung oder das gesetzgeberische Anpassungsinteresse vorgehen.

D. Verordnungen und kommunale Satzungen. § 41

Was für rückanknüpfende und sofort einwirkende Gesetze gesagt ist, gilt auch für Verordnungen und kommunale Satzungen.

Daß Verordnungen und kommunale Satzungen überhaupt mit „Rückwirkung" erlassen werden können, ist heute anerkannt[1]). Es folgt für

---

[6]) BGH in NJW 1960 S. 2099: nachträgl. gesetzlicher Forderungsübergang zulässig.

[1]) Schiller, in A. öff.R. Bd. 8 (n. F.) S. 283ff; zweifelhaft bei rückanknüpfender Zuständigkeitsbestimmung durch Verordnung (OVG Münster 13. 2. 57 IV A 650/54).

Verordnungen aus der Souveränität des Staates, der zu der Verordnung ermächtigt hat[2]) und ergibt sich für kommunale Satzungen heute[3]) unmittelbar aus den Vorschriften der geltenden Gemeindeordnungen, in Nordrheinwestfalen z. B. § 4 I 2 GONW; § 2 I Amtsordnung NW; § 3 I 2 Landkreisordnung NW und § 70 a Kommunalabgabengesetz[4]).

Bei Verordnungen und kommunalen Satzungen verengen sich die allgemeinen Schranken der Rückanknüpfung und der sofortigen Einwirkung[5]) noch durch zwei weitere Sonderverbote. Eine etwaige rückanknüpfende oder sofort einwirkende Verordnung ist nichtig, wenn das ermächtigende Gesetz Rückanknüpfung oder sofortige Einwirkung verbietet (z. B. § 1 II GewO). Die Rückanknüpfung kann niemals weiter rückbezogen sein als bis zum Zeitpunkt des Inkrafttretens des Ermächtigungsgesetzes; für die Regelung von Sachverhalten, die sich vor dem Inkrafttreten des Ermächtigungsgesetzes ereignet haben, fehlt eine gesetzliche Ermächtigung[6]).

Bei kommunalen Satzungen, die auf Grund von Spezialgesetzen ergehen, z. B. auf Grund des § 12 Fluchtliniengesetz vom 2. 7. 1875, besteht dieselbe Abhängigkeit von dem ermächtigenden Gesetz wie bei Verordnungen[7]).

---

[2]) Ständige Rechtsprechung des Preuß. OVG, OVGE 6 S. 314; 24 S. 365; 49 S. 101; 70 S. 431; Bayer. VGH, Jahrb. Bd. 51 S. 71; Forsthoff, Lehrbuch I § 8 S. 130.

[3]) Ablehnend früher Bayer. VGHE 11 S. 436; 16 S. 22; 22 S. 399; mit der früher ebenfalls ablehnenden Rechtsprechung des Preuß. OVG brach die Entscheidung des Preuß. OVG in Preuß. VBl. Jahrg. 1900 S. 267 (zustimmend Kormann in Preuß. VBl. Jahrgang 1912 [Bd. 33] S. 777); anders wieder in Preuß. VBl. Bd. 49 S. 101. Für Steuerordnungen verneint vom Preuß. OVG in OVGE 77 S. 287; bejaht vom Thür. OVG in Jahrbuch 14 S. 141, falls nicht reichs- oder landesrechtlich verboten.

[4]) In Nordwürttemberg durften kommunale Satzungen sich keine „rückwirkende" Kraft zulegen, § 3 III der Deutschen Gemeindeordnung i. d. F. des Anwendungsgesetzes Nr. 30 für Nordwürttemberg; anders wieder § 3 III der Gemeindeordnung von Württemberg-Hohenzollern vom 14. 3. 1947 i. d. F. vom 12. 10. 1948 und 17. 10. 1951. Vgl. BGH in NJW 1960 S. 1808 für eine Satzung nach dem nds. AufbauG und OVGMstr. zitiert in DVBl. 1960 S. 128 Fn. 8.

[5]) Hamann, Rechtsstaat S. 42: „Was . . . über die Unzulässigkeit rückwirkender Gesetze gesagt ist, gilt grundsätzlich auch für Verordnungen. Es bedarf keiner weiteren Darlegung, daß, wenn schon förmlichen Gesetzen die Rückwirkung versagt ist, dies erst recht für Verordnungen als Normen niedrigeren Ranges zu gelten hat." Vgl. auch Urteil des Großen Senats des RFH vom 2. 7. 1921 (RGB.l S. 1268), der einen Gemeindebeschluß vom Oktober 1920 über eine rückanknüpfende Erhöhung der Grunderwerbssteuer ab 1. 10. 1919 für unvereinbar mit dem Reichsrecht erklärte.

[6]) Enneccerus-Nipperdey, Allgemeiner Teil, 1. Hlbbd. § 61 II 5 S. 355; Vervier, Rechtswechsel S. 15. Vom Bayer. VGH VGHE n. F. 7 I S. 12ff. (19) wurde diese Frage dagegen nicht geprüft, obgleich sich die behandelte Anstaltsordnung auf die Bayer. GemO vom 25. 1. 1952 (GVBl. S. 19) stützte und sich „Rückwirkung" ab 1. 4. 1951 zulegte (zugunsten der Anstaltsbenutzer).

[7]) Preuß. VBl. Bd. 34 S. 233.

An dieser Stelle ist auch auf die Abhängigkeit „rückwirkender“ kommunaler Satzungen von der Genehmigung der Aufsichtsbehörde einzugehen, wie sie z. B. in § 4 I GONW statuiert ist. Wird die Genehmigung nicht erteilt, so gilt die „Rückwirkung als nicht angeordnet“[8]). Fraglich ist, ob nur die Rückanknüpfung oder auch die sofortige Einwirkung von § 4 GONW und den entsprechenden Bestimmungen in Amts- und Landkreisordnung und den Bestimmungen der anderen Länder der Bundesrepublik erfaßt wird.

Aus der Wortinterpretation ergibt sich nichts, da oben gezeigt wurde, daß es eine tatsächliche Rück„wirkung“ überhaupt nicht gibt (§§ 7 und 8). Auch kann nicht von einer überwiegenden Meinung ausgegangen werden, wie der Begriff „Rückwirkung“ auszulegen ist. Eine solche hat sich nicht gebildet. Es kommt daher darauf an, was § 4 I GO bezweckt. Dabei kann diese Vorschrift nicht isoliert, sondern nur im Gesamtrahmen der Gemeindeordnung betrachtet werden.

Die Gemeindeordnung geht davon aus, daß den Gemeinden die Selbstverwaltung zusteht. Das bringt für die Gemeinden Gefahren mit sich. Die Gemeindeordnung schützt deshalb an vielen Stellen durch Form- und Zuständigkeitsvorschriften die Gemeinden vor übereilten Schritten einzelner ihrer Organe. Diese Vorschriften engen die freie Selbstverwaltung zwar ein, dienen ihr aber zugleich und fördern sie. Unter dieser doppelten Sicht muß auch § 4 I GO gesehen werden.

§ 4 I GO beschränkt die Selbstverwaltungsbefugnis. Man ist geneigt, zugunsten des Staates die Vorschrift deshalb als eine Ausnahmebestimmung eng auszulegen. Andererseits muß § 4 I aber zu den Vorschriften gerechnet werden, die als Schutzbestimmung vor Übereilung und unbedachtem Heraufbeschwören von rechtlichen Schwierigkeiten dienen sollen. Das steht einer allzu engen Auslegung der Vorschrift entgegen.

Die Schutzfunktion des § 4 I GO kann nur erfüllt werden, wenn alle Fallregelungen, die wegen ihrer Vergangenheitsbeziehung für die Gemeinden und ihre Angehörigen nicht leicht zu übersehende Schwierigkeiten mit sich bringen können, von der Aufsichtsbehörde nachgeprüft werden. Wie oben (§§ 39, 40) aufgezeigt wurde, gehören aber auch die Fälle sofortiger Einwirkung von Gesetzen zu den gegenüber normalen Regelungen gefährlichen Eingriffen.

Deshalb ist m. E. § 4 I GO so auszulegen, daß er sowohl die Rückanknüpfung als auch die sofortige Einwirkung umfaßt.

E. Ergebnis hinsichtlich der verbietenden Regel. § 42

Weder läßt sich ein einheitliches Verbot rückanknüpfender oder sofort einwirkender Gesetze feststellen, noch gibt es eine einheitliche Begründung für bestehende Grenzen der Rückanknüpfung und der sofortigen Einwirkung.

---

[8]) Surén-Loschelder, Deutsche Gemeindeordnung Anm. 4 zu § 3

Begünstigende rückanknüpfende und sofort einwirkende Gesetze sind erlaubt.

Belastende rückanknüpfende Gesetze können aus verschiedenen Gründen verboten sein: Je nach ihrem Adressatenkreis, ihrem Inhalt (z. B. Verhaltensnorm im Sinne Bindings), ihrer Vorhersehbarkeit im Zeitpunkt der Tatbestandsverwirklichung, wegen zwischenzeitlicher Veränderungen des Sachverhalts oder wegen der technischen Fiktion (Klauselgesetze) können diese Gesetze verschiedene Verbotstatbestände der Verfassung erfüllen. Belastende sofort einwirkende Gesetze können wegen eines zu engen Adressatenkreises oder wegen Unvorhersehbarkeit des Gesetzes bei Beginn der Tatbestandsverwirklichung verboten sein.

Mehrere Verbotstatbestände können bei einem und demselben Gesetz konkurrieren.

Folgende Verbotstatbestände lassen sich für rückanknüpfende Gesetze bilden — Nr. 1 gilt lediglich für Stichtaggesetze, Nr. 6 gilt nur für Klauselgesetze —:

1. Stichtaggesetze, die sich nicht im Rahmen der Rechtsetzungsgleichheit halten, verstoßen gegen Art. 19 I 1 bzw. 3 I GG (§ 31 a. E.).
2. Rückanknüpfende Gesetze, die eine bisher nicht geltende Verhaltensnorm i. S. Bindings beinhalten, sind nichtig (§ 32 a. E.).
3. Es widerspricht dem Rechtsstaatsprinzip (§ 33 a. E.), wenn unvorhersehbar nachträglich belastende Rechtsfolgen
   a) an damals erlaubte Handlungen geknüpft werden, die typischerweise wegen gewisser begünstigender Rechtsfolgen des alten Rechts vorgenommen worden waren;
   b) an sonstige vergangene Sachverhalte geknüpft werden, wenn die Betroffenen sich in ihrem Planen und Disponieren gerade infolge der Rückanknüpfung auf die neuen Rechtsfolgen nicht einrichten konnten, auf die sie sich sonst typischerweise eingerichtet hätten; Ausnahmen bestehen, wenn gesamtwirtschaftliche Interessen einen *überraschenden* Eingriff fordern oder die Berufung der Betroffenen auf die Rechtsfolgen des alten Rechts gegen Treu und Glauben verstieße.
4. Definitiv abgeschlossene Fälle dürfen nicht nachträglich einer neuen Regelung unterworfen werden, wenn nicht gerade die Nichteinbeziehung der bereits abgeschlossenen Fälle mit den äußersten Grenzen der Gerechtigkeit unvereinbar wäre oder wenn sonst Gefahr für die staatliche Ordnung drohen würde (§ 36 Mitte).
5. Rückanknüpfende Gesetze, die in Rechtspositionen eingreifen, haben Enteignungscharakter, wenn die Rechtspositionen zwischenzeitlich zum Vollrecht erstarkt sind (§ 36 a. E.).

6. Je nach den Umständen, nach Art der geregelten Sachverhalte oder der statuierten Rechtsfolgen können Klauselgesetze an Art. 3 I oder 14 GG ihre Schranke finden, wenn dieselben Rechtsfolgen sowohl an zukünftige als auch an — von diesen wesentlich verschiedene — vergangene Sachverhalte geknüpft werden (§ 38).

Folgende Verbotstatbestände lassen sich bei sofort einwirkenden Gesetzen bilden:

1. Sofort einwirkende Gesetze, die einen feststehenden Adressatenkreis und bestimmte Fälle betreffen, verstoßen gegen Art. 19 I 1 GG, wenn sie unter Verletzung der Rechtsetzungsgleichheit Grundrechte einschränken (§ 39).
2. Unvorhersehbare, belastende Rechtsfolgen dürfen wegen teilweise vergangener Sachverhalte nicht statuiert werden, wenn die Betroffenen sich infolgedessen in ihrem Planen und Disponieren auf die Rechtsfolgen nicht einrichten konnten, auf die sie sich sonst typischerweise eingerichtet hätten, es sei denn, daß gesetzgeberische Interessen vorgehen.

Rückanknüpfende oder sofort einwirkende Verordnungen und kommunale Satzungen müssen zudem der gesetzlichen Ermächtigung entsprechen, gegebenenfalls von der Aufsichtsbehörde genehmigt sein.

Das entwickelte Verbotssystem sei beispielsweise auf ein Gesetz angewendet, das nachträglich rechtswidrige Verwaltungsakte sanktioniert:

Zunächst ist zu prüfen, ob nicht ein bestimmter Adressatenkreis benachteiligt wird und dadurch der Gleichheitssatz verletzt wird, weil ausschließlich die Adressaten der alten Verwaltungsakte von dem neuen Sollen getroffen werden (Art. 19 I 1, Art. 3 I GG).

War die rückanknüpfende Sanktionierung voraussehbar? Es kommt darauf an, ob der Betroffene nach Treu und Glauben damit rechnen mußte, der in dem Verwaltungsakt liegende Imperativ bestehe zu Recht oder erhalte nachträglich eine gesetzliche Grundlage. (Bei nichtigen Verwaltungsakten braucht der Betroffene nicht mit dem darin statuierten Sollen zu rechnen. Ob die spätere Sanktionierung anfechtbarer Verwaltungsakte voraussehbar ist, ist dagegen Tatfrage.)

Sind die jetzt gesetzlich festgelegten Rechtsfolgen unvoraussehbar gewesen, so fragt es sich, ob die Rechtsfolgen an damals erlaubte Handlungen angeknüpft werden: Bejahendenfalls ist das rückanknüpfende Sanktionierungsgesetz unzulässig; verneinendenfalls kommt es darauf an, ob die Betroffenen bei rechtzeitiger Kenntnis des Sollens sich — typischerweise — in ihrem Planen und Disponieren auf die neuen Rechtsfolgen eingerichtet hätten.

Schließlich wäre zu prüfen, ob nicht die Sachverhalte, an die die Verwaltungsakte das Wollen knüpften, jetzt längst definitiv abgeschlossen sind, oder ob Enteignung vorliegt.

Dritter Abschnitt:
Die deutende Regel.

Erstes Kapitel:
Fehlen von zeitlichen Übergangsvorschriften.

A. Einführung.

Nicht jedes Gesetz enthält Bestimmungen, wie der Übergang von der alten Rechtslage zur Anwendung des neuen Gesetzes bewerkstelligt werden soll. Das ist ein schwerer Mangel, weil gerade die Übergangsregelung der Rechtsprechung wie der Verwaltung in der ersten Zeit nach Inkrafttreten eines neuen Gesetzes viel Schwierigkeiten bereitet[1]) und weil die Übergangsregelung kaum „rückanknüpfend" nachholbar ist; aber man muß sich offenbar mit dieser häufigen Unterlassungssünde des Gesetzgebers abfinden; es scheint eine „Erbsünde" zu sein; man findet sie von altersher, wie Affolter in seiner Geschichte des intertemporalen Rechts nachgewiesen und gelegentlich eines Gesetzes seiner Zeit bedauert hat: „Ich kann auch hier meine Verwunderung nicht unterdrücken, daß ein moderner Gesetzgeber derart alte Unterlassungssünden begehen kann, daß er gerade seinem Gesetz das Wichtigste nicht mit auf den Weg gibt, nämlich klare und bestimmte Vorschriften über die zeitlichen Grenzen seiner Herrschaft[2])."

Die Frage lautet nun: Ist ein Gesetz auch auf schwebende oder gar auf vergangene Fälle anzuwenden, ist ihm also sofortige Einwirkung oder Rückanknüpfung beizulegen, wenn das Gesetz darüber keine Bestimmung trifft?

Bei der Beantwortung der Frage ist zu unterscheiden[3]):

1. Das Gesetz enthält keine ausdrückliche Übergangsvorschrift; aber durch Auslegung seiner sonstigen Vorschriften läßt sich ermitteln, daß sofortige Einwirkung oder Rückanknüpfung gewollt ist.
2. Aus dem Gesetz ergibt sich nichts; nur aus allgemeinen Erwägungen und Regeln (Rechtsgrundsätzen des intertemporalen Rechts) könnte sofortige Einwirkung oder Rückanknüpfung des Gesetzes gefolgert werden.

Zu 1. Ergibt sich der Wille zur Rückanknüpfung oder zur sofortigen Einwirkung deutlich erkennbar aus dem Gesetz, z. B. aus seinem Zweck, so ist es fraglich, ob durch Auslegung ein nach der verbietenden Regel unzulässiges Ergebnis gewonnen werden kann. M. E. ist dies zu bejahen. Wenn der Gesetzgeber ein Gesetz zur Abwicklung von Kartellen erläßt,

---

[1]) Vgl. z. B. Amtsbl. d. Bayer. Arbeitsministers 1950 S. 189; Bayer. VGHE 66 (1950) Nr. 2 S. 5.

[2]) Affolter, Geschichte S. 625 zu Anm. 2.

[3]) Die Differenzierung ist in Anlehnung an die Unterscheidung von Gesetz- und Rechtsanalogie gebildet und findet sich zum Beispiel in RGZ 54 S. 154, BGHZ 9 S. 101 (102).

so ist nicht zweifelhaft, daß er die bestehenden Kartelle meint, auch wenn dies aus irgendeinem Grunde verfassungswidrig sein sollte. Es kann keinen Unterschied machen, ob der Gesetzgeber etwas ausdrücklich anordnet oder ob er deutlich erkennbar davon ausgeht — wenn dieser Wille seinen Niederschlag im Gesetz gefunden hat.

Zu 2. Kann die sofortige Einwirkung nicht aus dem Gesetz, sondern erst aus allgemeinen Rechtsgrundsätzen des intertemporalen Rechts entnommen werden, so können Kollisionen mit der verbietenden Regel nicht auftauchen. Irgendein Rechtssatz des intertemporalen Rechts, der zur sofortigen Einwirkung führt, kann nicht gegen einen Verbotssatz der verbietenden Regel verstoßen; sonst hätte er keinen rechtlichen Bestand[4]).

B. Sofortige Einwirkung.

I. Die verschiedenen Standpunkte. § 44

Einigkeit besteht darin, daß es Gesetze gibt, denen sofortige Einwirkung beigelegt werden muß, obwohl sie keine entsprechenden Übergangsvorschriften enthalten.

Streitig ist zunächst, inwieweit durch Auslegung eines Gesetzes sofortige Einwirkung festgestellt werden kann.

Überwiegend wird eine Auslegung aus den Vorschriften des Gesetzes selber für zulässig gehalten, wenn der Wille zur sofortigen Einwirkung deutlich erkennbar ist[1]). Es wird im Interesse der Rechtssicherheit und des Vertrauens auf die Gesetze gefordert, daß die Absicht des Gesetzgebers sich ganz zweifelsfrei ergibt[2]).

Das Oberlandesgericht Hamburg[3]) lehnte es als unzulässig ab, aus allgemeinen Rechtsgrundsätzen („dem Geist des Gesetzes") sofortige Einwirkung zu entnehmen. Das Reichsgericht und andere Gerichte[4]) haben demgegenüber jedoch mehrfach Gesetzen sofortige Einwirkung beigelegt, weil allgemeine Erwägungen für diese sprächen: ein Gesetz sei sofort anzuwenden, wenn seine Innehaltung bei Strafe geboten sei[5]) oder wenn der bisherige Zustand gegen die guten Sitten verstieße[6]). Sofortige Ein-

---

[4]) Sieg in SJZ 1950 Sp. 879.

[1]) Motive zum BGB Bd. 1 S. 19 und 24: Die „uneigentliche Rückwirkung" entspräche nicht dem regelmäßigen Gang der Dinge, und es bedürfe für ihre Annahme besonderer Gründe. Becher, Landes-Zivilrecht Bd. 1 S. 12; Enneccerus-Nipperdey, Allgemeiner Teil § 33 V 3 und § 61 V. S. 356; O. v. Gierke, Privatrecht S. 190 Goeppert in Jh. Jb. Bd. 22 S. 165ff.; sehr weitgehend Vervier, Rechtswechsel S. 33.

[2]) Von der Mosel, Lehrbuch S. 812 im Hinblick auf Gesetze und Verordnungen, mit Zitaten aus der Rspr. des Sächs. OVG. Jellinek, Verwaltungsrecht S. 143. Reichsversorgungsgericht E. v. 8. 4. 30 in Reichsarbeitsblatt Bd. 5 (1930) Nr. 16 S. 33.

[3]) OLG Hamburg in DJZ Bd. 4 S. 116 mit ablehnender Anmerkung von Habicht.

[4]) U. a. BGHZ 9 S. 101ff. (102) = NJW 1953 S. 941 (Teilabdruck).

[5]) RGZ 42 S. 100; Jebens, Lex S. 274 und Hatschek, Lehrbuch S. 59 nehmen sofortige Einwirkung an bei „absoluten" oder „Verbots"-Gesetzen.

[6]) RGZ 107 S. 377; Enneccerus-Nipperdey, Allgemeiner Teil, § 63 II, nicht aber schon, wenn die frühere Rechtsordnung unbillig erscheint, wie Jakobus de Belvisio (zit. bei Affolter, Geschichte S. 260) annahm.

wirkung sei anzunehmen, wenn das Gesetz zwingende Vorschriften enthielte und besondere Umstände hinzuträten, die sofortige Anwendung des Gesetzes erheischten[7]). Ein neues Gesetz müsse um so eher schwebende Fälle ergreifen, je wichtiger die Gründe seien, die zu seiner Aufstellung führten[8]). Insbesondere sei sofortige Einwirkung anzunehmen, wenn das Gesetz wirtschaftliche oder soziale Überstände beseitigen wolle[9]). Schließlich soll sofortige Einwirkung geboten sein, wenn ein Nebeneinander des neuen und alten Rechts zur Verwirrung führen würde[10]); hierfür kann die ratio der Art. 170, 171 EGBGB, die weit über das Gebiet des Privatrechts hinaus Bedeutung haben[11]), zur Begründung herangezogen werden.

Als intertemporaler Grundsatz ist heute allgemein anerkannt, daß neues Verfahrensrecht sofort auch auf schwebende Verfahren angewendet wird[12]). Auch eine gesetzliche Änderung der Prozeßvoraussetzungen wird im anhängigen Verfahren sofort berücksichtigt[13]).

---

[7]) RGZ 42 S. 162; 54 S. 155; 66 S. 62; Staub HGB, Allgemeine Einleitung Bem. 11.

[8]) Enn.-Nipperdey, Allgemeiner Teil, 1. Halbband § 63 II Anm. 1; v. Tuhr, Allgemeiner Teil, Bd. I S. 18; Vervier, Rechtswechsel S. 33; Windtscheidt, Lehrbuch § 31 S. 75; Schweizerisches ZGB, Schlußtitel, Art. 2; OGH in VerwRspr. Bd. 3 (1951) S. 206: „Je bedeutungsvoller ein Rechtssatz für das Gemeinwohl ist, um so eher ist die Annahme gerechtfertigt, sein Urheber habe ihn auch auf bestehende Verhältnisse zur Anwendung bringen wollen."

[9]) Vgl. Savigny, System Bd. 8 S. 515: „Reformatorische Gründe . . ."; Enneccerus-Nipperdey, Allgemeiner Teil, 1. Halbband, § 63 II, Anm. 1; Schlußtitel zum Schweizerischen ZGB, Art. 2.

[10]) BGH in NJW 1952 S. 72 (73) für §§ 102 und 104 Wirtschaftsstrafgesetz vom 1. 10. 1949). Enneccerus-Nipperdey, Allgemeiner Teil, 1. Halbband § 63 I 1; Meyerhofer, Handbuch für den politischen Verwaltungsdienst, Wien 1903, Bd. V S. 1430, hält es im Verwaltungsrecht für selbstverständlich, daß ein Reformgesetz, das gerade das Nebeneinander von verschiedenen Rechtsgestaltungen abschaffen will, sofort angewendet wird. So sollen die alten Wasserrechte nicht in ihrem ursprünglichen Bestand, wohl aber in Ausübung und Untergang nach dem neuen Gesetz geregelt sein.

[11]) Staub, Kommentar zum HGB Allgemeine Einleitung Bem. 7; RGZ 43 S. 27 (für Handelsrecht). Forsthoff, Lehrbuch I § 8 S. 131 für Verwaltungsrecht.

[12]) Wach, Hdb. d. ZPR S. 210; Baumbach, ZPO Einl. III 9; Wieczorek III § 550 D II S. 335; Vervier, Rechtswechsel S. 166; Sieg in SJZ 1949 Sp. 880; Haueisen, NJW 1958 S. 1065 (1067 Fußnote 32). Für das Strafprozeßrecht RGStr. 75 S. 311. Für Zivilprozeß st. Rspr. d. RG GZS in RGZ 16 S. 198; RGZ 146 S. 246; BGHZ 9 S. 101 ff. = NJW 1953 S. 941. Für das Verwaltungsstreitverfahren Preuß. OVGE 26 S. 29; 32 S. 45; 33 S. 98; 52 S. 78; RuPr. VBl. Bd. 58 S. 214 Fußnote 58; Bayer. VGHE 49 S. 142; VerfGH Rheinl.-Pfalz in JZ 1951 S. 693; BSGE 1 S. 44 ff.; C. F. Menger, System des verwaltungsger. Rechtsschutzes (1954) S. 209; a. A. für Österreich Menger, System I S. 194 ff. Für das Verfahren in Landpachtsachen BGHZ 7 S. 161 ff. (166). § 14 Einl. ALR gilt nicht für Prozeßgesetze. Das folgt an und für sich schon aus dem Umstand, daß das ALR materielles Recht enthält (C. F. Koch, ALR Anm. 2 zu § 1). Überdies wurde es durch eine Kabinettsordre vom 11. 10. 1839 (GS. S 339) klargestellt. Die Ordre stellt die einzige vorhandene allgemeine Bestimmung über die zeitliche Geltung der Prozeßgesetze dar. — Auch das Kostenrecht soll grundsätzlich anhängige Verfahren ergreifen (BVerfG vom 31. 5. 1960 in NJW 1960 S. 1563).

[13]) Rosenberg, Lehrbuch des ZPR S. 449 mit Zitaten; Stein-Jonas-Schönke-Pohle, Kommentar Bem. IV zu § 263 und Bem. VI zu § 300. RG in JW 1936 S. 3175

Streitig ist weiterhin, ob — außer im Verfahrensrecht — eine Vermutung für (oder gegen?) die sofortige Einwirkung spricht. Die wohl herrschende Lehre verneint jeden Vermutungstatbestand[14]).

Auf dem Gebiete des öffentlichen Rechts nimmt Vervier[15]) jedoch regelmäßig sofortige Einwirkung an: das öffentliche Recht habe eine auf das Gemeinwohl gerichtete Tätigkeit zum Gegenstand, die sich in erster Linie nach den Regeln der Zweckmäßigkeit entwickeln müßte. Auch das Reichsgericht[16]) hat in der Revisionsinstanz einem öffentlich-rechtlichen Rechtssatz sofortige Einwirkung zugesprochen, einfach mit der Begründung, daß die betreffende Vorschrift dem öffentlichen Recht angehöre. Dagegen betonten zwei Sondergerichte für Reichsverwaltungsrecht[17])

---

erließ ein abweisendes Prozeßurteil, weil nunmehr die Zulässigkeit des Rechtsweges nicht mehr gegeben sei. Die Entscheidung in RGZ 53 S. 186 und Preuß. OVGE 2 S. 377 müssen als Ausnahmefälle gelten. Das OVG betont das in einer neuen Entscheidung für seine Entscheidung in Bd. 2 auch ausdrücklich, OVGE 4 S. 283. Eine Ausnahme besteht für die Zuständigkeit im Zivilprozeß kraft § 263 II 2 ZPO und in Parallele hierzu im Verwaltungsstreitverfahren (BVerwGE 2 S. 43ff. = NJW 1955 S. 1245f.; Bayer. VGHE 49 S. 142) sowie in verfassungsrechtlichen Streitigkeiten (VGH Rheinland-Pfalz in JZ 1951 S. 693/694 (sachliche Zuständigkeit). Ebenfalls bei einer Änderung des Gerichtssprengels wird im Verwaltungsstreitverfahren angenommen, daß ein Einfluß auf anhängige Verfahren nicht stattfindet (Preuß. OVG in RuPrVBl. Bd. 55 S. 164).

[14]) Mitteilungen des Bayer. Landesversicherungsamtes Bd. 37 S. 13: „Rückwirkung darf nicht bloß vermutet werden"; Reichsversorgungsgericht E. v. 8. 4. 30 Reichsarbeitsblatt Bd. V (1930) Nr. 16, S. 33; Bayer. Landesarbeitsgericht E v. 16. 12. 1949 Amtsbl. d. Bayer. Arbeitsmin. 1950 S. 189. Becher, Bayer. Landes-Zivilrecht Bd. 1 S. 12; Enneccerus-Nipperdey, Allgemeiner Teil, § 33 V 3: „Eine entgegengesetzte Auffassung wäre mit dem Prinzip der Rechtssicherheit unvereinbar"; und in § 61 I; v. Gierke, Privatrecht S. 190; Goeppert in Jh. Jb. Bd. 22 S. 158, S. 165ff.; Habicht, Einwirkung S. 9; Sieg in SJZ Sp. 879; Vervier, Rechtswechsel S. 33; wenn Jellinek, Lehrbuch S. 143 hier eine Entscheidung des Badischen VGH zitiert, so ist das irreführend; diese Entscheidung behandelt nur die verbietende Regel. Dasselbe besagen mittelbar auch die Entscheidungen von Gerichten, die sich eingehend mit der Frage beschäftigen, ob aus einem bestimmten Gesetz durch Auslegung folge, daß es sofort einwirken wolle: z. B. RGZ 9 S. 235; 11 S. 184ff. (186) für § 26 GewO; 42 S. 97ff. (99) für 6. Buch HGB; 54 S. 154; 93 S. 320; besonders RGZ 137 S. 81—83 über § 35 Abs. 1 des Unfallversicherungsgesetzes vom 1. 7. 1928 (RGBl. I S. 405); Preuß. OVG in Preuß. VBl. 45 S. 434; BGHZ 7 S. 161ff. (166/167) für § 15 (1) a LPG unter Bezugnahme auf RGZ 55 S. 254.

[15]) Vervier, Rechtswechsel S. 14 und S. 51 unter Berufung auf Stier-Somlo; auf S. 33 führt Vervier aus: „Wenn z. B. der Gesetzgeber die Gründe für die Zurücknahme einer Wirtschaftskonzession, eines Wandergewerbescheins, einer Jagdkarte anders als früher ordnete, ist anzunehmen, daß er diese in dem neuen Rechtszustand als bestehend übernommenen Rechtsverhältnisse ihm unterstellen wollte." Vgl. auch Fellner-Fischer, Kommentar zum Wohnraumbewirtschaftungsgesetz, § 36 Anm. 2: „Im allgemeinen gilt der Grundsatz, daß das neue Recht sich aller Tatbestände ermächtigt, die unter dem Geltungsbereich des alten Rechts nicht schon abgeschlossen sind." Jebens, Lex S. 277: Im öffentlichen Recht bestehe für die sofortige Einwirkung eine „fast uneingeschränkte Ausdehnungsmöglichkeit".

[16]) RGZ 97 S. 101.

[17]) Bundesamt für das Heimatwesen, RuPrVBl. Bd. 48 S. 318 (1924) und Urteil des Reichsversorgungsgerichts in Reichsarbeitsblatt Bd. 5 (1930) Nr. 16, S. 33.

sowie die Bayerische Rechtsprechung[19]), daß sofortige Einwirkung auch im öffentlichen Recht nicht vermutet werden könne[19]). Daß Preußische OVG lehnte die Anwendung derjenigen Verordnungen auf bestehende Einrichtungen ab, die sich nicht ausdrücklich sofortige Einwirkung beilegen[20]); nach pr. OVGE 97 S. 207 soll den materiell-rechtlichen Vorschriften des PVG (von 1931) keine sofortige Einwirkung zukommen.

Savigny vermutete allgemein die sofortige Einwirkung („angeborene Rückwirkung"), wenn ein Gesetz

1. das Dasein der Rechte,
2. die Aufhebung eines Rechtsinstituts,
3. die Abänderung eines Rechtsinstituts

betrifft. Dagegen wollte er ein Gesetz nicht sofort angewendet wissen, wenn es

4. den „Erwerb der Rechte" angeht[21]).

Mit dieser Vermutung ist Savigny nicht allein geblieben. Nipperdey[22]) kommt zu einem ähnlichen Ergebnis. Er führt aus:

1. Gesetze, die lediglich die „Wirkungen" (Rechtsfolgen) einer Tatsache bestimmen, sollen im Zweifel nur für die Zukunft gelten.

2. Gesetze, die Rechte regeln, „ohne Anknüpfung an Entstehungs- oder Endigungstatsachen" sollen auch bestehende Rechtsinstitute erfassen und sie inhaltlich ändern oder aufheben.

Bei „Rechtsregelungen" vermutet Nipperdey also sofortige Einwirkung. Diese sehr weitgehende Vermutung schwächt er dadurch wieder ab, daß er seiner Lehre folgenden Inhalt gibt[23]): „Bei manchen Rechtsverhältnissen werden der Inhalt und die Wirkung überwiegend gerade durch die Tatsache, die das Rechtsverhältnis ins Leben rief, zumal durch den Parteiwillen, bestimmt. Hier ist ein Rechtssatz, auch wenn er nach seinem Urteil den Inhalt des Rechtsverhältnisses bestimmt, doch wesentlich eine Regelung der Wirkungen jener rechtserzeugenden Tatsache. Es ist nur ein Rechtssatz vorhanden, daß die und die Tatsache ein Recht des und des Inhalts . . . erzeugen soll." Das soll besonders bei Forderungsrechten gelten, deren Inhalt nach jeder Richtung durch Vertrag bestimmt ist; als Entstehungstatsachenregelungen unterfallen die modifizierenden Regelungen von Forderungsrechtsverhältnissen dann nicht

---

[18]) Bayer. VGHE 24 S. 471; 45 S. 71; 53 S. 39ff. (43); Mitteilungen des Bayer. Landesversicherungsamtes Bd. 37 S. 13 und neuestens lehnt der BGH im Urt. vom 15. 6. 1960 — NJW 1960 S. 1808 die sofortige Einwirkung einer Satzung ab, die nur mit dem öffentlichem Zweck begründet wurde.

[19]) Allgemein für „Rückwirkung": Forsthoff, Lehrbuch I § 8 S. 138ff.; Fleiner, Institutionen, S. 88ff.; Jellinek, Lehrbuch S. 142; Peters, Lehrbuch S. 82.

[20]) Pr. OVGE 6 S. 314 (1880); 24 S. 365 (1893); Preuß. VBl. Bd. 26 S. 391 (1904); Bd. 29 S. 326 (1907). Für das Verwaltungsrecht der ehemals preußischen Gebiete gilt Art. 8 des Publikationspatentes zum ALR noch (zu dessen Inhalt: oben § 17 zu Fußnote 8).

[21]) Savigny, System Bd. 8 § 398 (S. 515) und § 384 (S. 374).

[22]) Enneccerus-Nipperdey, Allg. T. 1. Hbd. § 63 I. [23]) Ebenda in § 62 II 1.

der vermuteten sofortigen Einwirkung. Bei Sachenrechten und z. B. bei der Volljährigkeit, bei Entmündigung und reinen Familienrechten handele es sich, sagt Nipperdey, „um Rechtsverhältnisse (und Rechtslagen) von festgegebenem Inhalt"; hier lägen Rechtsregelungen vor; deshalb erheische eine Gesetzesänderung insoweit sofortige Anwendung.

II. Eigene Ansicht. § 45

In der abendländischen Rechtsentwicklung wurde zu keiner Zeit sofortige Einwirkung der Gesetze vermutet. Weder das Römische noch das Gemeine Recht oder das Preuß. ALR kannten eine derartige Vermutung[1]). Es bildete sich daher gewohnheitsrechtlich der Satz, daß sofortige Einwirkung nicht vermutet werden darf. Gegenteiliges Gewohnheitsrecht ist weder im 19. noch im 20. Jahrhundert entstanden. Savigny konnte sich nicht durchsetzen. Neuerdings geäußerte einzelne Gegenmeinungen können das bestehende Gewohnheitsrecht nicht abändern. Die Interessenlage, insbesondere das Stabilitätsinteresse spricht auch nicht generell für eine sofortige Einwirkung.

Auch der Lehre Savignys und Nipperdeys kann nicht gefolgt werden. Wenn Savigny und Nipperdey bei Rechtsregelungen sofortige Einwirkung vermuten, so geht dies zu weit: Wenn ein Gesetz das Großjährigkeitsalter hinausschiebt (also eine Rechtsregelung trifft), kann diese Regelung für die bereits großjährig Gewordenen gleichwohl nicht gelten. Ihre Ansicht, den Tatsachenregelungen käme regelmäßig keine sofortige Einwirkung zu, führt ebenfalls wegen der darin liegenden Verallgemeinerung zu unerwünschten Ergebnissen. Gerade in den Fällen, in denen sofortige Einwirkung angenommen werden muß, führt diese Ansicht zum Ausschluß der sofortigen Einwirkung: Werden Formvorschriften für Testamente gelockert, so entspricht es der Billigkeit, daß dies auch für früher aufgesetzte Testamente gilt, wenn der Erbfall erst jetzt eintritt[2]). Nach Nipperdeys Theorie wäre eine sofortige Anwendung aber ausgeschlossen, weil eine Regelung vorliegt, die sich auf die Entstehungstatsachen der Testamentserbfolge bezieht.

Ist die Tatsache, deren Wirkungen das Gesetz bestimmt, ein schwebender Dauerzustand, so handelt es sich nach der Lehre Nipperdeys um eine Tatsachenregelung. Demnach würde die Vermutung gegen die sofortige Einwirkung sprechen. Jedoch ist dies ein Fall, in dem es überhaupt nicht möglich ist, die Regelung nicht sofort anzuwenden. Es werde z. B. für strohgedeckte Häuser (Dauerzustand) eine besondere Kaminart vorgeschrieben. Würde die Regelung nicht sofort für alle Fälle gelten, so gälte sie nur für die „Errichtung eines strohgedeckten Hauses", mit an-

---

[1]) Cicero, In Verrem, actio secunda Lib. I cap. 42, 43. Theodosius: Lex 3 C Th. de constitutis 1 1 aus dem Jahre 393: „Omnia constituta non praeteritis calumniam faciunt, sed futuris regulam potunt"; vgl. Savigny, System Bd. 8 § 386, S. 392. §§ 14, 15 EinlALR; Art. VIII des Publikationspatentes zum ALR (oben § 17 Fn. 8).

[2]) In Parallele zu Art. 198 II und 215 II EGBGB, § 50 III TestG v. 31. 7. 1938.

deren Worten, für das Eindecken eines Hauses mit Stroh. Es würde also der Tatbestand gefälscht, indem nicht an einen Zustand, sondern eine zukünftige Tätigkeit Rechtsfolgen geknüpft würden. Knüpft ein Gesetz an tatsächliche Dauerzustände an, so müssen also gerade die schwebenden Fälle erfaßt werden, mithin muß sofortige Einwirkung angenommen werden.

Demnach muß mit der herrschenden Lehre bei jedem einzelnen Gesetz geprüft werden, ob entweder die Gesetzesauslegung oder allgemeine Erwägungen[3]) dazu führen, ihm sofortige Einwirkung beizulegen.

Sofortige Einwirkung bedeutet Anwendung des Gesetzes auch dann, wenn der Tatbestand teilweise vor Gesetzeserlaß verwirklicht ist: eine zukünftig im Rahmen eines früher begründeten Rechtsverhältnisses eintretende Tatsache löst andere Rechtsfolgen aus, als sie das frühere Recht vorschrieb; ein früher entstandenes Recht wird für den Fall zukünftigen Fortbestehens modifiziert; ein bestehender Dauerzustand löst für die Zukunft neue Rechtsfolgen aus, oder das Gesetz knüpft an mehrere Tatsachen an, von denen einige sich vor Erlaß des Gesetzes ereignet hatten, andere erst später erwartet werden.

Die hier interessierende Besonderheit gegenüber „normalen" Gesetzen liegt in der Plötzlichkeit, mit der die Rechtsfolgen ausgelöst werden. Die Interessenlage ist oben in § 40 umrissen: Auf seiten des Gesetzgebers bestehen das Interesse, Verwirrung durch das Nebeneinander alten und neuen Rechts zu vermeiden, und das Anpassungsinteresse — auf Seiten der Betroffenen bestehen das Interesse, sich im Planen und Disponieren rechtzeitig auf die neuen Rechtsfolgen einrichten zu können, und Stabilitätsinteressen.

Bewertet der Gesetzgeber die Interessenlage nicht selber durch ausdrückliche Vorschrift, so fragt es sich, wie er die Interessen abgewogen hätte, wenn er die Streitfragen hinsichtlich des Übergangsrechts erkannt hätte.

Neue Gesetze werden aus zwei Gründen erlassen: Entweder haben sich die tatsächlichen Verhältnisse gewandelt, so daß das alte Recht nicht mehr paßt; oder es vollzieht sich ein Wechsel in den Anschauungen und Interessenbewertungen bei gleichbleibenden tatsächlichen Verhältnissen, der sich in neuem Recht niederschlägt.

Ändert sich die tatsächliche Situation plötzlich, so muß das Recht eine sofortige Anpassung zulassen.

Die Anpassung kann im Bereich der Privatautonomie regelmäßig durch die Betroffenen selbst erfolgen: Ihnen kann überlassen bleiben, ob sie die vertragliche Regelung, die letztwillige Verfügung oder Ähnliches ändern wollen oder nicht. Im Bereich der Privatautonomie wird deshalb

---

[3]) Sieg in SJZ 1950 Sp. 878ff. (879) spricht statt von „allgemeinen Erwägungen" von „Sätzen des intertemporalen Privatrechts"; BGHZ 9 S. 101ff. (102): „allgemeine Grundsätze über die zeitliche Geltung der Gesetze".

neues Recht nicht sofort anzuwenden sein, es sei denn, daß sonst Verwirrung drohe, indem zweierlei Recht nebeneinander besteht.

Da dispositive Vorschriften ohnehin andere Regelungen zulassen, kann der Gesichtspunkt drohender Verwirrung durch zweierlei Recht bei dispositiven Bestimmungen niemals gravierend sein. Dispositiven Vorschriften kommt deshalb im Rahmen der deutenden Regel niemals sofortige Einwirkung zu[4]).

Wenn jedoch im Bereich der Privatautonomie eine Vertragspartei wegen wirtschaftlichen oder sozialen Übergewichts nicht willens ist, die veränderten Umstände zu berücksichtigen, so kann die Anpassung an eine neue Sachlage nur durch gesetzlichen Eingriff erfolgen. Hier muß sofortige Einwirkung angenommen werden.

Außerhalb der Privatautonomie ist die Anpassung an gewandelte Verhältnisse nur durch den Gesetzgeber möglich, wenn das alte Recht starr ist: wie z. B. hinsichtlich der Familien- oder Beamtenrechtsverhältnisse, des öffentlichen Nutzungsverhältnisses, das durch eine Heranziehung nach altem oder neuem Leistungsrecht (RLG; BLG) entsteht, oder des Eigentumsinhalts. Allerdings kann das Interesse der Betroffenen, sich auf neue Rechtsfolgen längere Zeit vorher einzurichten, überwiegen, sodaß die Anpassung an die veränderte Lage hintanstehen muß. Es kommt insofern auf die Umstände bei jedem einzelnen Gesetz an.

Mithin ist zur Anpassung an tatsächlich veränderte Verhältnisse sofortige Einwirkung anzunehmen, wenn nicht eine Anpassung durch die Betroffenen selber erfolgen kann oder die Interessen der Betroffenen überwiegen, sich in ihrem Planen und Disponieren auf die neue Rechtsfolge längere Zeit vorher einzurichten[5]).

Ändert sich dagegen nur die Anschauung, d. h. wird die gleiche tatsächliche Lage jetzt anders beurteilt als zur Zeit des früheren Rechts, so ist kein plötzlicher Übergang aus Anpassungsgründen erforderlich[6]); denn in der Regel ändern sich Interessenbewertungen in normalen Zeiten nicht sprunghaft. Ein neues Gesetz, das nur infolge gewandelter Anschauungen ergeht, kann deshalb bloß dann sofortige Einwirkung beanspru-

---

[4]) Vgl. oben § 44 Fn. 7.

[5]) Vgl. v. Tuhr, Allgemeiner Teil Bd. I S. X, Vorwort: Es müsse „eine angemessene Mittellinie zwischen dem schutzbedürftigen, auf dem früheren Recht beruhenden Interesse und den Bedürfnissen, die zu der neuen Regelung geführt haben", gefunden werden. Der von mir erarbeitete Satz findet seine Bestätigung in § 35 der Einheitsbauordnung (für Städte vom 25. 4. 1919 und für das platte Land vom 31. 3. 1931), der in Absatz 1 die Regel, in Absatz 2 die Ausnahmen enthält; ebenso stimmt er mit der Rechtsprechung zum Baurecht überein: Eine neue Bauordnung wird sofort angewendet, wenn sonst polizeiliche Gefahr droht (Preuß. OVG in Pr. VBl. Bd. 7 [1885] S. 110; Bd. 30 [1907] S. 142; Bd. 52 S. 316; OVGE 102 S. 235) oder wenn der Bau formell illegal errichtet war (Pr. OVG in JW 1933 S. 2301; BVerwGE 1 S. 118 und 122; OVG Münster OVGE 6 S. 37 = NJW 1953 S. 79) oder bei völligem Umbau (Pr. OVGE 97 S. 207).

[6]) Affolter, Geschichte S. 325, hält es für „intertemporale Kirchturmspolitik", Gesetzen plötzlich unbeschränkte Alleinherrschaft zu geben. vgl. BGH in NJW 1960 S. 1808 wie § 44 Fn. 18.

chen, wenn das Interesse an Vermeidung von Verwirrung durch gleichzeitige Anwendung von altem und neuem Recht im Vordergrund steht und nicht das Interesse der Betroffenen verletzt wird, ihr Planen und Disponieren auf die neue Rechtsfolge einzurichten. Eine derartige Verletzung des „Interesses an Rücksichtnahme auf das Planen und Disponieren" ist z. B. niemals gegeben, wenn ein Gesetz lange Zeit vor seinem Inkrafttreten verkündet wird, wie das bei dem BGB oder bei dem Gleichberechtigungsgesetz vom 18. 6. 1957 der Fall war.

Welchem Rechtsgebiet das Gesetz angehört, ist m. E. bei der Prüfung, ob sofortige Einwirkung gewollt ist, nur von mittelbarer Bedeutung[7]). Gehört das Gesetz dem öffentlichen Recht an, so können z. B. Zweckmäßigkeitsgründe und die Rationalisierung der Verwaltung fordern, daß kein Nebeneinander von altem und neuem Recht eintritt. Im öffentlichen Recht herrschen starre Regelungen vor, so daß die Anpassung an veränderte Verhältnisse nur durch Gesetz erfolgen kann; dadurch wird auf dem Gebiet des öffentlichen Rechts sofortige Einwirkung häufiger als auf dem Gebiet des Privatrechts angenommen werden müssen. Aber ein Grundsatz, daß Gesetzen des öffentlichen Rechts sofortige Einwirkung zukommt, kann nicht anerkannt werden.

Eine Ausnahme macht das Verfahrensrecht. Es besteht kein Bedürfnis, die Betroffenen in ihrem Planen und Disponieren gegen verfahrensrechtliche Änderungen zu schützen oder verfahrensrechtliche Lagen aufrechtzuerhalten; wohl aber besteht das größte Allgemeininteresse daran, im Prozeß klare Verhältnisse zu schaffen und nicht etwa neues und altes Recht nebeneinander gelten zu lassen. Deshalb ist der herrschenden Lehre für das Verfahrensrecht zuzustimmen.

§ 46 *III. Insbesondere die authentische Interpretation.*

Wenn sofortige Einwirkung bedeutet: Anknüpfen eines Sollens an schwebende Sachverhalte, so kann sofortige Einwirkung nur bei selbständigen Rechtssätzen vorkommen. Unselbständige Rechtssätze, wie z. B. gesetzliche Definitionsnormen, enthalten kein Sollen, weder eine Gewährung noch einen Imperativ[1]). Die unselbständigen Rechtssätze können nur im Rahmen der Sollsätze angewendet werden, für die sie geschaffen wurden. Daraus folgt, daß sie auch zeitlich für all die Fälle gelten müssen, die der selbständige Sollsatz erfaßt. Wenn nicht ausdrücklich etwas anderes vom Gesetzgeber gesagt ist, müssen neue unselbstän-

---

[7]) Anders Habicht, Einwirkung S. 16: „Ob auf ein Rechtsverhältnis neues Recht anzuwenden ist, hängt im allgemeinen von seiner Natur ab, je nachdem, welchem Rechtsgebiet es angehört." Das ist m. E. eine einseitige Betrachtungsweise. Die sofortige Einwirkung bestimmt sich ganz wesentlich auch nach dem Anlaß und dem Zweck des neuen Gesetzes.

[1]) W. Jellinek, Gesetz, Gesetzesanwendung S. 107: „Stellt der Gesetzgeber bindend fest, was er in einem früheren Gesetz hat anordnen wollen, so ist das der Fall der authentischen Interpretation. Sie ist Gesetz, weil ihr Gegenstand es bereits ist, als Feststellung für sich könnte sie es nicht sein."

dige Rechtssätze sofort auf die schwebenden Sachverhalte angewendet werden, wenn die Rechtssätze, die sie ergänzen, diese Sachverhalte ergreifen.

Der wichtigste Fall unselbständiger Rechtssätze auf dem Gebiet der „Rückwirkung" scheint mir die sogenannte authentische Interpretation[2]) zu sein.

Die Abhängigkeit eines interpretierenden, also unselbständigen Rechtssatzes von den selbständigen Rechtssätzen auch hinsichtlich seines zeitlichen Anwendungsbereiches wird üblicherweise als Ausnahme von der „Regel der Nichtrückwirkung von Gesetzen" gebracht[3]). Es handelt sich aber nicht um eine Ausnahme, sondern um die Folge der Unselbständigkeit der nachträglichen Definitionsnormen[4]).

Das klingt zwar auch in der Begründung an, die allgemein für diese „Ausnahme" gegeben wird: der Erläuterungssatz sei so anzusehen, als ob der Inhalt des interpretierenden Rechtssatzes von Anfang an ein Bestandteil des früheren Gesetzes sei[5]). Aber hieraus werden die Schlußfolgerungen nicht gezogen.

Wenn die sofortige Anwendung eines erläuternden Rechtssatzes im Rahmen der alten Gesetze auf seinen Charakter als unselbständiger Rechtssatz zurückzuführen ist, so steht und fällt der zeitliche Anwendungsbereich des interpretierenden Satzes mit eben diesem Charakter als unselbständigem Rechtssatz. Mit anderen Worten: es kommt für die Frage der sofortigen Einwirkung[6]) nicht darauf an, ob ein Gesetz als authentische Erläuterung bezeichnet[7]) oder gewollt ist, sondern ob

---

[2]) Berühmt ist die authentische Erklärung zum Gesetz gegen die gemeingefährlichen Bestrebungen der Sozialdemokratie vom 31. 5. 1880 (RGBl. S. 117); neuerdings z. B. § 3 der Durchführungsverordnung vom 5. 12. 1949 (GVBl. NW 1950 S. 5) zum Bodenreformgesetz (GVBl. NW 1949 S. 84) und Art. 142 a GG.

[3]) So in der Systematik des ALR, wo die „authentische Interpretation" wie eine Ausnahme von der Regel behandelt ist. Die Regel steht in § 14; § 15 schließt sich mit „aber" an. § 15 Einl. ALR gilt für das Preuß. Verwaltungsrecht noch heute. Auch Enneccerus-Nipperdey, Allgemeiner Teil I S. 354, 356, der richtig annimmt, der Wille zur sofortigen Einwirkung sei bei authentischer Interpretation besonders deutlich erkennbar, dabei aber übersieht, daß nicht deshalb dem unselbständigen Rechtssatz begrifflich sofortige Einwirkung zukommt. Auch v. Tuhr, Allgemeiner Teil I § 43 S. 15; Tietz, in NJW 51 S. 468; von der Mosel, Lehrbuch I Sp. 812; Goeppert, Jh. Jb. Bd. 22 S. 188ff., 191, 192, fassen die authentische Interpretation als Ausnahme von der Regel der Nichtrückwirkung auf.

[4]) Vervier, Rechtswechsel S. 18/19: „Nicht kraft Rückwirkungsrechts", sondern weil das neue Gesetz in den früheren Rechtssatz hineingelegt werde, würden die alten Fälle erfaßt.

[5]) RGZ 63 S. 143; 65 S. 305. Das Reichsgericht zieht in RGZ 94 S. 162 ausdrücklich die Folgerung, daß das Gesetz in der neuen Fassung auf die früheren Fälle anzuwenden sei.

[6]) Und der Rückanknüpfung; vgl. RGZ 94 S. 162. Weil der authentische Interpretationssatz in den alten Rechtssatz hineingelegt wird, kann auch das „Rückwirkungsverbot" des Art. 103 Abs. 2 GG eine authentische Interpretation bei Strafgesetzen nicht ergreifen.

[7]) A. A. Dernburg, Lehrbuch des Preuß. Privatrechts Bd. 1 S. 34.

ein unselbständiger Rechtssatz tatsächlich vorliegt. Die Unselbständigkeit ist Kriterium für die sofortige Anwendung des Rechtssatzes.

Daher ist mit der Begründung, es läge authentische Interpretation vor, nicht auszukommen, wenn der Erläuterungssatz nicht nur die alte Gesetzesvorschrift präzisiert, sondern ihr einen abweichenden Inhalt gibt. Dann wird ein neuer Tatbestand geschaffen, indem neue Voraussetzungen eingesetzt werden. Neue Fälle werden dadurch hinzuerfaßt. Das Sollen war vorher in diesen Fällen nicht statuiert. Mithin ist ein neues Sollen gesetzt worden, wenn auch gesetzestechnisch durch Verweisung auf das alte Gesetz.

Der Schluß: Bestandteil des alten Gesetzes — also Erfassen der vom alten Gesetz geregelten Fälle, geht bei ändernden Interpretationssätzen von falschen Prämissen aus. Sofortige Einwirkung tritt daher bei selbständigen Rechtssätzen, auch wenn sie im Gewande der authentischen Interpretation erscheinen, nicht ein, falls nicht nach allgemeinen Auslegungsregeln sofortige Einwirkung (oder Rückanknüpfung) für das neue Gesetz gewollt ist. Ob man ein Gesetz, das inhaltlich das alte abändert, noch authentische Interpretation nennen will, soweit es im Gewande einer Erläuterung erscheint[8]), ist gleichgültig.

Die Bezeichnung als authentische Interpretation allein kann also nicht zur Begründung für die sofortige Einwirkung (oder die Rückanknüpfung) dienen. Ich halte deshalb folgende Entscheidung des Reichsgerichts in der Begründung für unrichtig: Das Reichsgericht nahm eine authentische Interpretation bei einem Gesetz an, nur weil die Politiker im Parlament es als solches aufgefaßt hatten, obwohl es das alte Gesetz inhaltlich abänderte. Daraus zog es den begriffsjuristischen Schluß, es sei „rückwirkend“ anzuwenden. Authentische Interpretation begründe immer die „Rückwirkung“[9]).

Im Ergebnis ist dieser Reichsgerichtsentscheidung allerdings aus anderen Gründen zuzustimmen: Der Gesetzgeber hatte den Willen, daß das Gesetz „zurückwirken“ solle, deutlich zum Ausdruck gebracht, indem er das Gesetz als authentische Interpretation deklarierte[10]). Die Auslegung ergab also, daß das Gesetz die schwebenden Fälle erfassen solle.

Der Unterschied in der Begründung ist für die verbietende Regel erheblich. Denn es erübrigt sich eine Prüfung zur verbietenden Regel in den Fällen, in denen die sofortige Einwirkung (oder die Rückanknüpfung) aus allgemeinen Erwägungen des intertemporalen Rechts dem Gesetz

---

[8]) Z. B. Art. 142 a GG.

[9]) RGZ 94 S. 162 gegen Preuß. OVGE 63 S. 224, das ausdrücklich betont hatte, eine authentische Interpretation läge nur vor, wenn das Gesetz ohne Veränderung des Gesetzestextes den Inhalt des alten Gesetzes erläutere. M. E. befindet sich also das OVG im Recht. Derselbe Gedankengang wie in RGZ 194 S. 162 klingt an in BGH in NJW 1959 S. 1368 (1369) und in BGHZ 6 S. 47ff. (51/52) = NJW 1952 S. 744.

[10]) Goeppert in Jh. Jb. Bd. 22 S. 188: Authentische Interpretation zeige den gesetzgeberischen Willen zur „Rückwirkung“.

beigelegt wird[11]). Der aus allgemeinen Rechtsgrundsätzen folgende Schluß: eine authentische Interpretation — also Rückanknüpfung, wird daher zu irrtümlichem Außerachtlassen der verbietenden Regel führen.

Ob ein Gesetz, das als legale Interpretation erscheint, eine Änderung des alten Gesetzes enthält oder nicht, ist oft zweifelhaft. Es kann beispielsweise so liegen: Die „authentische Erläuterung" befindet sich im Widerspruch zu einer bisher einhelligen Meinung in Rechtsprechung und Literatur. M. E. „gilt" — im Sinne sozialer Anerkennung — dann der alte Sollsatz in der angewandten Form. Eine neue Ausdeutung schafft ein anderes Sollen, als bisher gegolten hat. Mithin liegt eine Änderung vor. Die Interessenlage spricht hier objektiv gegen die Anwendung auf früher entstandene Fälle, weil eine eindeutige Regelung bereits bestand. Es fehlt an dem Interesse des Gesetzgebers: der Vermeidung von Verwirrung. Es liegt kein Grund für eine neue Regelung vor, die dem Stabilitätsinteresse der Betroffenen vorgehen müßte[12]). Eine solche „Erläuterung" erfaßt also nur die zukünftigen Fälle.

C. Rückanknüpfung. § 47

Allgemein wird größte Zurückhaltung empfohlen, wenn es darum geht, ein Gesetz rückanknüpfend anzuwenden, das die Rückanknüpfung nicht ausdrücklich bestimmt[1]). Fraglich ist, ob das aus der Interessenlage folgt oder aus einem „Verbot", durch Auslegung die Rückanknüpfung eines Gesetzes zu ermitteln. Die Anhänger der Verbotslehre[2]) bestreiten, daß Rückanknüpfung überhaupt aus den Umständen und dem Sinnzusammenhang oder aus allgemeinen Erwägungen geschlossen werden dürfe; „stärkere Rückwirkung" müßte stets ausdrücklich angeordnet sein. Zur Begründung berufen sie sich auf Staudinger-Gramm[3]), der seinerseits eine Begründung nicht gibt, sondern auf Affolter verweist, der in der Tat[4]) eine ausdrückliche Anordnung des Gesetzgebers verlangt.

Dagegen wollen andere zulassen, daß Rückanknüpfung durch Auslegung ermittelt wird[5]). Ganz klar wird das hier allerdings nie ausgespro-

---

[11]) Sieg in SJZ 1950 Sp. 878f.

[12]) Im Ergebnis ebenso von Bremen in Zeitschrift f. d. Beamtenrecht 1923 S. 56; Goeppert in Jh. Jb. Bd. 22 S. 190/191: eine authentische Interpretation könne für die Vergangenheit nur dann Wirkung haben, wenn diese Auslegung nicht einer langjährigen Praxis widerspreche.

[1]) Vgl. den insoweit (d. h. nicht für die verbietende, wohl aber für die deutende Regel) noch geltenden § 14 Einl. ALR (Peters, Lehrbuch S. 81 Anm. 2, ist allerdings der Ansicht, § 14 gelte nicht mehr; a. A. Jellinek, Lehrbuch S. 142).

[2]) So F. Klein, Monographie S. 28; Sieg in SJZ 1950 Sp. 879; v. Turegg, Lehrbuch des Verwaltungsrechts, 3. Aufl., 1956, Berlin, S. 68; a. A. Habicht, Einwirkung S. 9; Goeppert in Jh. Jb. Bd. 22 S. 158, 165ff.; Gierke, Privatrecht S. 190; aber auch schon sächs. OVG in Jahrbuch 4 (1908) S. 17.

[3]) Staudinger-Gramm, Komm., Bem. 5 und 19 z. 4. Abschn.

[4]) Affolter, System S. 42.

[5]) Otto von Gierke, Privatrecht Bd. 1 S. 190; Goeppert in Jh. Jb. Bd. 22 S. 158ff. 165ff.; Habicht, Einwirkung S. 9; von der Mosel, Sächs. Verwaltungsrecht 1. Bd. Sp. 812ff.; Vervier Rechtswechsel, S. 33 — möglicherweise nur für sofortige Ein-

chen. Es wird nämlich immer von „Rückwirkung" geredet. Die Motive zum BGB (Bd. I S. 19) lassen die Frage offen, indem sie darauf abstellen, daß das Gesetz die Rückanknüpfung „in bestimmter Weise gebieten" müsse. Was heißt aber nun „in bestimmter Weise"? Heißt es ausdrückliche Anordnung oder auch eindeutig zweckentsprechende Auslegung?

In der Rechtsprechung ist die Frage nicht behandelt worden. Die Vielzahl der Entscheidungen über „Rückwirkungs"-Auslegung behandelt die sofortige Einwirkung, nicht die Rückanknüpfung.

M. E. muß man davon ausgehen, daß ein Rechtssatz zugleich die zeitlichen Grenzen seiner Anwendung bergen kann, daß also aus Sinn und Zweck eines Rechtssatzes ein vom Normalfall abweichender zeitlicher Anwendungsbereich folgen kann. Davon geht die Literatur bei sofortiger Einwirkung aus. Es ist nicht einzusehen, warum für die Rückanknüpfung etwas anderes gelten sollte. Ein Beispiel kann die Richtigkeit der Auffassung, daß auch Rückanknüpfung aus dem Gesetz geschlossen werden kann, mehr als jede theoretische Begründung zeigen:

Am 31. 12. 1949 trat ein Lohnsummen-Steuergesetz außer Kraft, das durch Änderungsgesetz vom 29. 1. 1950 (in Kraft getreten am 1. 3. 1950) verlängert wurde.[6]) Eine Rückwirkungsklausel enthielt das Verlängerungsgesetz nicht. Trotzdem muß m. E. nach dem ganzen Sinn und Zweck eines Verlängerungsgesetzes angenommen werden, daß es rückanknüpfen wollte. Nur eine solche Auslegung wird dem Willen des Gesetzgebers gerecht.

Einem Gesetz kann also mittels Auslegung Rückanknüpfung beigelegt werden.

Zu prüfen bleibt, wann der Gesetzgeber Rückanknüpfung für ein Gesetz will, auch wenn er es nicht ausdrücklich bestimmt.

Jedes Gesetz trägt „die Vermutung in sich, daß der Gesetzgeber sich im Rahmen der verfassungsmäßigen Ordnung hat halten wollen, und davon ist bei der Auslegung auszugehen"[7]). Der Gesetzgeber wird im Zweifel nicht wollen, was er nicht kann. Deshalb wird in ein Gesetz Rückanknüpfung nicht hineingelegt werden können, wenn die verbietende Regel ihr entgegensteht.[8])

---

wirkung, da hier von „Rückwirkung" die Rede ist. Fernerhin Mitteilungen des Bayer. Versicherungsamtes Bd. 37 S. 13: „Ferner gilt der Grundsatz, daß einem neuen Gesetz der Regel nach rückwirkende Kraft nicht zukommt. Dieser Satz hat auch im öffentlichen Recht Geltung. Rückwirkung darf nicht bloß vermutet werden. Ein dahingehender Wille des Gesetzgebers muß zumindest erkennbar sein. Läßt sich ein solcher Wille nicht feststellen, dann bleibt es bei der angegebenen Regel." BGHZ 3 S. 84: „Ein Gesetz kann sich rückwirkende Kraft beilegen; das muß aber mit aller Deutlichkeit zum Ausdruck kommen."

[6]) Vgl. Hess. VGH in Württ.-Bad. VGHE 1 (1952) S. 144ff.; einen ähnlichen Fall behandelt BVerwGE 5 S. 99ff. (101).

[7]) BVerfGE 2 S. 266 = NJW 1953 S. 1057ff. (1059 linke Sp.); BVerfGE 8 S. 28f. und neuestens BVerfG vom 20. 12. 1960 in NJW 1961 S. 355 (mit krit. Anm.).

[8]) Entsprechendes gilt für die sofortige Einwirkung; dort war auf das Problem indes nicht einzugehen, weil die erarbeiteten Auslegungsregeln, wann sofortige Einwirkung anzunehmen ist, eine Kollision mit der verbietenden Regel ausschließen.

Zu Recht hat das Bundesverwaltungsgericht dem Art. 14 (3) Satz 2 GG keine Rückanknüpfung beigelegt:[9])

Vor Inkrafttreten des Grundgesetzes war auf Grund des Reichsnaturschutzgesetzes enteignet worden. Nach Art. 14 (3) Satz 2 GG darf eine Enteignung nur durch ein Gesetz erfolgen, das Art und Ausmaß der Entschädigung regelt; dies ist durch das Reichsnaturschutzgesetz nicht geschehen. Sollte nun Art. 14 Abs. 3 Satz 2 GG auf das Reichsnaturschutzgesetz Anwendung finden? Das Bundesverwaltungsgericht verneinte das aus rechtspolitischen Gründen. Es würde sich auch daraus begründen lassen, daß Art. 14 (3) 2 GG eine „Norm" i. S. Bindings enthält: der Enteignungsgesetzgeber soll Art und Ausmaß der Entschädigung regeln. Verfassungsbestimmungen, die eine Verhaltensnorm statuieren, können nicht rückanknüpfend angewendet werden. — Auch der frühere Enteignungsakt auf Grund des Reichsnaturschutzgesetzes wird in seiner Wirksamkeit von Art. 14 (3) 2 GG nicht berührt. Das Bundesverwaltungsgericht bejaht, daß die Enteignung Nachwirkungen auch in dem Geltungszeitraum des Grundgesetzes habe; es läßt aber sodann offen, ob wegen der fortdauernden tatsächlichen Beeinträchtigung jetzt eine Entschädigung zu zahlen ist. Meiner Ansicht nach wäre das zu bejahen. Insoweit handelt es sich um sofortige Einwirkung des Grundgesetzes auf einen tatsächlich bestehenden Beeinträchtigungszustand. Eine sofortige Einwirkung ist hier anzunehmen, weil wegen anders bewerteter Interessenlage durch die neue Vorschrift eine Anpassung an die jetzige Bewertung erfolgt. Die Anpassung würde durch die Entschädigungszahlung zweckmäßig erzielt werden können.

Aber auch dann wird Rückanknüpfung nicht durch Auslegung ermittelt werden dürfen, wenn zwar die Rückanknüpfung nicht unzulässig wäre, wenn aber zweifelhaft ist, ob die Interessen des Gesetzgebers (Überraschungsinteresse, Nachholinteresse) die der Betroffenen überwiegen. Mithin werden nur wenige Gesetze bleiben, denen Rückanknüpfung beigelegt werden kann.

Im übrigen lassen sich allgemeine Auslegungsregeln, wann Rückanknüpfung anzunehmen ist, für Gesetze auf dem Gebiet des materiellen Rechts nicht bilden.

Im Verfahrensrecht ist Rückanknüpfung regelmäßig nicht anzunehmen.[10]) Die Zulassung der Revision gilt nicht für Streitigkeiten, die bereits in der Berufungsinstanz entschieden wurden, selbst wenn die Frist zur Einlegung der Revision noch nicht abgelaufen ist. Die Zulässig-

---

[9]) BVerwGE 1 S. 314 = NJW 1955 S. 1204f. = DVBl. 1955 S. 638 = BBauBl. 11 S. 530; ebenso in MDR 1957 S. 506; vorsorglich vermerkt auch in BVerfGE 4 S. 219ff. = NJW 1955 S. 1268f. = DVBl. 1955 S. 558f. (der Satz ist für die Entscheidung nicht erheblich); vgl. Rodolf, Entschädigungspflicht für vorkonstitutionelle Enteignungen in DÖV 1959 S. 674.

[10]) BGHZ 3 S. 82 = JZ 1951 S. 638.

keit bereits eingelegter Berufungen richtet sich nach altem Recht, wenn nunmehr das Verfahren auf andere Gerichte übergeht. Eine Ausnahme hiervon macht das Sozialgerichtsgesetz.

Zweites Kapitel: **Ausmaß der angeordneten Rückaknüpfung.**

§ 48 A. Abhängigkeit des Umfangs der Rückanknüpfung von der verbietenden Regel.

Viele Gesetze treten „rückwirkend ... in Kraft" (Klauselgesetze) oder knüpfen Rechtsfolgen an schon vergangene Sachverhalte (Stichtaggesetze), ohne genaue temporale Übergangsregeln zu enthalten. Bei diesen Gesetzen ist zweifelhaft, wie die angeordnete Rückanknüpfung dem Umfang nach auszulegen ist: Welche vergangenen Fälle ergreift das Gesetz — auch die definitiv abgeschlossenen oder Fälle, in denen die Rückanknüpfung besondere Härten verursachen würde?

Es ist davon auszugehen, daß der Gesetzgeber sich mit seinem Wirkenim Rahmen der verfassungsmäßigen Ordnung halten will. Deshalb ist der Umfang einer angeordneten Rückanknüpfung zunächst mit Hilfe der verbietenden Regel zu ermitteln.[1]) Wenn eine ausdrückliche Ausdehnung auf diese oder jene Fallgruppe nach der verbietenden Regel unzulässig wäre, kann das Gesetz nicht in der unzulässigen Weise ausgedeutet werden.

Die verbietende Regel besagt z. B.:

Die Anknüpfung von Rechtsfolgen an definitiv abgeschlossene Fälle ist regelmäßig verboten; auf unsere Frage übertragen, bedeutet das: ein rückanknüpfendes Gesetz erfaßt im Zweifel nicht die definitiv abgeschlossenen Fälle.[2]) Unzulässig ist ein rückanknüpfendes Gesetz, das eine Verhaltensnorm im Sinne Bindings enthält. Daraus folgt für das rückanknüpfende Hamburger Baukostenzuschußgesetz, das die Hingabe und Entgegennahme von Baukostenzuschüssen unter Strafe stellte: die Strafsanktion muß auf die Gegenwart beschränkt bleiben; denn nachträglich kann eine Strafnorm nicht geschaffen werden. Die Rückanknüpfung dieses Gesetzes hat somit allenfalls bürgerlich-rechtliche Folgen; ob diese rückanknüpfend statuiert werden konnten, gehört nicht mehr zur deutenden, sondern zur verbietenden Regel.

---

[1]) Ebenso wie zur Beantwortung der Frage, ob überhaupt Rückanknüpfung oder sofortige Einwirkung gewollt ist, die verbietende Regel heranzuziehen ist, vgl. oben § 47 zu Fn. 7.

[2]) RFHE 9 S. 160ff. (162/163), Urt. v. 20. 4. 1912: ein Eingreifen in abgeschlossene Verhältnisse, bei deren Begründung die Rückanknüpfung nicht vorauszusehen war, sei möglichst zu vermeiden, so daß „Rückwirkungsanordnungen eng auszulegen" seien. BVerwG, Urteil vom 29. 6. 1959 in NJW 1959 S. 1651: „Neues materielles Recht ergreift abgeschlossene Verfahren nur, wenn es auf sie ausdrücklich erstreckt wird." BGHZ 7 S. 161ff. (167): Sofortige Einwirkung sei nur in dem Umfang anzunehmen, wie der Gesetzgeber diese klar zum Ausdruck gebracht habe oder wie sich „nachweislich aus den Umständen" ergäbe. — Die „Rückwirkungsklausel" des Art. 19 der Kostenrechtsnovelle vom 7. 8. 1952 gilt nicht für eine richtige instanzbeendende Entscheidung, BVerfG vom 31. 5. 1960 in NJW 1960 S. 1563.

B. Zweckentsprechende Auslegung einer angeordneten Rückanknüpfung. § 49

Ist eine bestimmte Auslegung zulässig, so ist weiter zu prüfen, ob sie dem Zweck des rückanknüpfenden Gesetzes entspricht. Mit Heinrich Lehmann wird man „im Zweifel davon ausgehen dürfen, daß das Gesetz die ausgesprochene Rückwirkung nicht weiter durchführen will, als notwendig ist . . .“[3]). Wieweit eine Rückanknüpfung notwendig ist, ergibt sich bei Stichtaggesetzen, die ja gerade auf die vergangenen Fälle ausgerichtet sind, aus dem Sinn des Gesetzes, eventuell des gesamten geregelten Rechtsgebietes.

Bei Klauselgesetzen ist jedoch zu berücksichtigen, daß die Rechtsfolge für die vergangenen Sachverhalte mittels Rechtsfolgenverweisung auf die Zukunftsregelung statuiert wird. Bei Klauselgesetzen schiebt sich die „Rückwirkungsklausel“ zwischen die vom Gesetz getroffene ausdrückliche Regelung und den Rückanknüpfungstatbestand. Durch die Rückanknüpfungsklausel wird der vergangene Sachverhalt den zukünftigen Sachverhalten hinsichtlich der Rechtsfolgen gleichgestellt; (oben § 10: technische Fiktion).

Umfang und Grenzen einer Fiktion liegen nicht starr fest, sondern bestimmen sich nach ihrem Sinn und Zweck; Sinn und Zweck sind durch Auflösung der Fiktion zu ermitteln[4]). Wenn die Rechtsfolgen des Normalsachverhalts N mittels der Rückanknüpfungsklausel auf den vergangenen Sachverhalt V übertragen werden, so ist zu fragen: was ist der Zweck dieser Gleichstellung von N und V in den Rechtsfolgen? Die Antwort ergibt sich aus dem gesetzgeberischen Interesse an Rückanknüpfung, dem „Nachholinteresse“ (oben § 33 zu 1.), Gleichbehandlungsinteresse, Zweckmäßigkeitserwägungen oder fiskalischen Interessen (oben § 35). Diese gesetzgeberischen Interessen — mit Ausnahme der beiden letzten — erfordern nur: die zukünftigen und die vergangenen Fälle gleich zu behandeln, soweit sie gleichartig sind.

Deshalb gilt eine gesetzliche Regelung, die allein dem Nachholinteresse oder dem Gleichbehandlungsinteresse des Gesetzgebers dient, nicht unmittelbar und starr für die ihr fiktiv unterstellten vergangenen Sachverhalte (V). Vielmehr ist eine derartige Regelung entsprechend anzuwenden.

Es ist also nicht begriffsjuristisch aus der „Rückwirkungsklausel“ der Schluß zu ziehen: jede Tatbestandsverwirklichung in der Vergangenheit löse dieselben Rechtsfolgen aus wie die zukünftigen Fälle. Im Hinblick auf die Vergangenheit werden nur entsprechende Rechtsfolgen ausgelöst. Auswahl der vergangenen Sachverhalte, an die Rechtsfolgen geknüpft werden, und Umfang dieser Rechtsfolgen werden durch die Besonderheiten beeinflußt, die sich aus der zeitlichen Lage der vergangenen Sachverhalte ergeben.

---

[3]) H. Lehmann, Allgemeiner Teil des BGB, § 7 IV, S. 48.
[4]) H. Lehmann, a. a. O., § 4, 4. b), S. 34.

Das Hamburger Meldegesetz[5]) ordnete an, daß heimkehrende Beamte sich binnen zwei Monaten bei ihrer alten Behörde zu melden hatten, widrigenfalls sie entlassen werden konnten. Das Gesetz sollte ein halbes Jahr „zurückwirken". Die entsprechende Anwendung des Gesetzes auf die vergangenen Fälle führt zu der Auslegung, daß auch die schon vor 6 Monaten heimgekehrten Beamten dem Gesetz unterfallen sollen — jedoch mit der Maßnahme, daß die Meldefrist nicht ex tunc, sondern erst mit der Verkündung des Gesetzes zu laufen beginnt.

§ 50. C. Ergebnis hinsichtlich der deutenden Regel.

Fehlen temporale Übergangsvorschriften, so kann sofortige Einwirkung oder Rückanknüpfung trotzdem in ein Gesetz hineingelegt werden.

Sofortige Einwirkung zur Anpassung an tatsächlich veränderte Verhältnisse ist anzunehmen, wenn nicht eine Anpassung durch die Betroffenen selber erfolgen kann oder die Interessen der Betroffenen überwiegen, sich in ihrem Planen und Disponieren auf die neuen Rechtsfolgen längere Zeit vorher einzurichten.

Sofortige Einwirkung kann ein Gesetz, das infolge gewandelter Anschauungen ergeht, nur beanspruchen, wenn das gesetzgeberische Interesse an Vermeidung von Verwirrung infolge der gleichzeitigen Anwendbarkeit von altem und neuem Recht dies erfordert und nicht Interessen der Betroffenen an Rücksichtnahme auf ihr Planen und Disponieren verletzt werden.

Diese Regeln gelten nicht für das Verfahrensrecht, wohl aber für „authentische Interpretationen", soweit durch diese der bisherige Tatbestand abgeändert oder entgegen der bisher einhelligen Rechtsprechung zu einem Tatbestand ausgelegt wird.

Rückanknüpfung kann einem Gesetz jedenfalls nur in den Grenzen, die durch die verbietende Regel gezogen sind, deutend beigelegt werden; im übrigen lassen sich allgemeine Regeln für die Auslegung nicht aufstellen.

Der deutend zu ermittelnde Umfang angeordneter Rückanknüpfung hängt von der verbietenden Regel ab.

Die „Rückwirkungsklausel" bedeutet: entsprechende Anwendung der für die zukünftigen Fälle aufgestellten Regelungen auf vergangene Sachverhalte, wenn nicht Zweckmäßigkeitserwägungen oder fiskalische Interessen etwas anderes fordern.

---

[5]) Vgl. DÖV 1952 S. 28.

Sachverzeichnis

(Die Zahlen weisen auf die Seite, die Ziffern in Klammern auf die Fußnoten hin)

FSC
www.fsc.org
MIX
Papier | Fördert gute Waldnutzung
FSC® C083411

Kolibri 360 GmbH
Ferdinand-Jühlke-Straße 7
99095 Erfurt, Deutschland
produktsicherheit@kolibri360.de